普通高等教育计算机类系列教材

新华三网络安全工程师学院系列教材（高职高专）

网络安全防御

主　编　张　博　高　松　乔明秋

副主编　韩　洁

参　编　侯佳路　雷　静　贾振美

机械工业出版社

本书是北京特色高水平实训基地——新华三网络安全工程师学院的系列教材。

　　本书是针对高等院校计算机网络技术及相关专业的网络安全防御类课程的教材，共 12 章。本书主要内容包括初识网络安全，网络监听，网络扫描，ARP 欺骗，密码破解，木马防护，病毒入侵，SSH，园区网安全概述，AAA、RADIUS 和 TACACS，端口接入控制，网络访问控制。本书实践性较强，针对书中每个案例进行具体分析，在章后配有实训内容，并通过习题来巩固和复习所学知识。

　　本书可作为高等院校计算机网络技术、网络安全等专业的教材，也可作为相关专业和网络安全爱好者的参考用书。

图书在版编目（CIP）数据

网络安全防御/张博，高松，乔明秋主编 . —北京：机械工业出版社，2021. 12

普通高等教育计算机类系列教材

ISBN 978-7-111-69700-8

Ⅰ.①网…　Ⅱ.①张…　②高…　③乔…　Ⅲ.①计算机网络–安全技术–高等学校–教材　Ⅳ.①TP393. 08

中国版本图书馆 CIP 数据核字（2021）第 244765 号

机械工业出版社（北京市百万庄大街 22 号　邮政编码 100037）
策划编辑：王玉鑫　　　　　　责任编辑：王玉鑫　刘琴琴
责任校对：史静怡　刘雅娜　封面设计：张　静
责任印制：李　昂
北京捷迅佳彩印刷有限公司印刷
2022 年 1 月第 1 版第 1 次印刷
184mm×260mm　·　13 印张　·　320 千字
标准书号：ISBN 978-7-111-69700-8
定价：49. 00 元

电话服务　　　　　　　　　网络服务
客服电话：010-88361066　　机　工　官　网：www.cmpbook.com
　　　　　010-88379833　　机　工　官　博：weibo. com∕cmp1952
　　　　　010-68326294　　金　书　　网：www.golden-book.com
封底无防伪标均为盗版　机工教育服务网：www.cmpedu.com

前　言

随着物联网、云计算、大数据、人工智能、区块链等新技术的飞速发展，网络安全问题带来的风险变得日益突出，并不断向政治、经济、文化、社会、国防等多个领域传导渗透。目前市面上关于网络安全领域的教材一般重理论轻实践，不适合高等院校学生使用。本书将复杂抽象的理论知识通过丰富的案例予以展现，让学生易于接受，并通过大量的习题巩固章节知识点和应用，难易适中。

通过本书的学习，学生能够掌握网络攻击与防御的原理，能够使用网络安全工具，并能进行网络安全应急响应与维护，从而提高计算机的网络安全防护能力。

本书是北京市网络专业创新团队与新华三集团联合开发的，不仅是面向计算机网络技术及网络安全专业的核心课程教材，也是作为校企共建的网络安全工程师学院的培训教材。本书是学银在线精品课程"网络安全防御"的配套教材，经过前期近两年的建设，在线课程已经比较成熟，有课程课件、教学视频、实训报告、参考文档及题库等电子资源，面向社会开放。

本书中的丰富案例将抽象难懂的网络安全技术原理通过项目实施的方法传递给学生，使学生易于掌握、融会贯通、付诸实践。本书共 12 章，主要内容如下：

第 1 章，初识网络安全，介绍网络安全的概念、发展阶段和常见的攻防技术。

第 2 章，网络监听，介绍监听的定义、原理和防御，通过实例理解监听的原理和过程。

第 3 章，网络扫描，介绍网络扫描的技术，通过实例理解端口扫描和漏洞扫描的原理和过程。

第 4 章，ARP 欺骗，介绍 ARP 欺骗的原理和类型，通过实例理解 ARP 欺骗的实施过程，进而能够防范 ARP 欺骗。

第 5 章，密码破解，介绍典型的古典密码和现代密码，通过实例演示 LC7 破解操作系统密码的过程、压缩软件的加解密过程以及 PGP 加密电子邮件的方法。

第 6 章，木马防护，介绍木马的原理和分类，通过演示冰河木马的攻击过程，理解木马的清除和防范方法。

第 7 章，病毒入侵，介绍计算机病毒的定义、特点和分类，通过实例理解熊猫烧香和磁碟机病毒的原理和清除方法。

第 8 章，SSH，介绍 SSH 的工作过程，掌握 SSH 的配置方法。

第 9 章，园区网安全概述，介绍园区网安全防范措施。

第 10 章，AAA、RADIUS 和 TACACS，介绍 AAA 基本结构和配置，介绍 RADIUS 和 TACACS 协议的交互流程和报文结构。

第 11 章，端口接入控制，介绍 IEEE 802．1x 协议的应用、配置和维护，介绍 MAC 地址认证和端口安全。

第 12 章，网络访问控制，介绍 EAD 工作原理、Portal 认证的过程和配置。

编者团队是北京市网络专业创新团队负责人与核心成员，多年来一直承担计算机网络技术、网络安全专业的核心课程教学工作，本书是编者团队在多年的教学过程中总结的大量计算机网络专业的相关案例，并将该课程涉及的内容通过项目实施的方法传递给学生，使学生容易接受。因此编写本书，是为了更好地将此方面内容介绍给广大网络安全专业的学生和网络安全爱好者。

由于编者水平有限，书中难免有疏漏之处，敬请读者批评指正。

编　者

目　　录

前言

第1章　初识网络安全 ……………… 1

1.1　网络安全概念 …………………… 1
1.2　网络安全发展阶段 ……………… 1
1.3　网络安全技术 …………………… 2
  1.3.1　常见攻击技术 ……………… 2
  1.3.2　常见防御技术 ……………… 2
【习题】 ………………………………… 3

第2章　网络监听 …………………… 5

2.1　网络监听概述 …………………… 5
  2.1.1　监听的起源 ………………… 5
  2.1.2　网络监听的定义 …………… 5
  2.1.3　网络监听的原理 …………… 6
  2.1.4　网络监听的防御 …………… 7
2.2　嗅探密码信息 …………………… 7
  2.2.1　使用 Wireshark 嗅探登录用户名
      和密码 ……………………… 7
  2.2.2　使用 xsniff 嗅探 FTP 用户名和
      密码 ………………………… 15
  2.2.3　使用 Sniffer 嗅探 FTP 用户名和
      密码 ………………………… 18
2.3　本章实训 ………………………… 25
  实训1：使用 Wireshark 嗅探用户名和
      密码 ………………………… 25
  实训2：使用 xsniff 嗅探登录用户名和
      密码 ………………………… 25
  实训3：使用 Sniffer 嗅探 FTP 用户名和
      密码 ………………………… 26
【习题】 ………………………………… 27

第3章　网络扫描 …………………… 28

3.1　网络扫描技术概述 ……………… 28

3.1.1　网络扫描技术 ……………… 28
3.1.2　端口扫描 …………………… 28
3.1.3　漏洞扫描 …………………… 30
3.2　网络扫描工具的使用 …………… 31
  3.2.1　扫描工具的介绍 …………… 31
  3.2.2　扫描工具 SuperScan 的使用 … 31
  3.2.3　扫描工具 Nmap 的使用 …… 34
  3.2.4　使用 PortScan 扫描端口 …… 40
  3.2.5　使用 X - Scan 扫描端口和漏洞 … 42
3.3　本章实训 ………………………… 46
  实训1：使用 SuperScan 工具扫描端口 … 46
  实训2：使用 Nmap 工具探测端口及安
      全性 ………………………… 47
  实训3：使用 PortScan 工具扫描端口 … 47
  实训4：使用 X - Scan 工具扫描端口 … 48
【习题】 ………………………………… 48

第4章　ARP 欺骗 …………………… 50

4.1　ARP 欺骗概述 ………………… 50
  4.1.1　ARP 定义 …………………… 50
  4.1.2　ARP 工作原理 ……………… 52
  4.1.3　ARP 欺骗原理 ……………… 53
  4.1.4　ARP 欺骗类型 ……………… 54
4.2　ARP 欺骗技术 ………………… 56
  4.2.1　arpspoof 实现 ARP 仿冒网关
      攻击 ………………………… 56
  4.2.2　Cain 实现 ARP "中间人"
      攻击 ………………………… 57
  4.2.3　ARP 欺骗防范方法 ………… 60
4.3　本章实训 ………………………… 63
  实训1：arpspoof 实现 ARP 仿冒网关
      攻击 ………………………… 63
  实训2：Cain 实现 ARP "中间人" 攻击 … 64

【习题】 ·········· 64

第 5 章　密码破解 ········· 66

5.1　密码技术概述 ·········· 66
　5.1.1　古典密码算法 ······ 66
　5.1.2　现代密码算法 ······ 67
　5.1.3　Hash 函数 ········· 69
5.2　LC7 破解操作系统密码 ···· 70
　5.2.1　Windows 账户安全 ···· 70
　5.2.2　LC7 破解操作系统密码的步骤 ····· 70
　5.2.3　账户安全策略 ······ 72
5.3　压缩软件的加密与破解 ···· 73
　5.3.1　Zip 文件的加密 ······ 74
　5.3.2　Zip 文件的解密 ······ 74
　5.3.3　RAR 文件的加解密 ···· 77
5.4　PGP 加密电子邮件 ······· 78
　5.4.1　PGP 使用的算法 ····· 78
　5.4.2　PGP 加密电子邮件 ···· 78
5.5　本章实训 ············ 80
　实训 1：LC7 破解操作系统密码 ···· 80
　实训 2：压缩软件的加解密 ···· 81
　实训 3：PGP 加密电子邮件 ···· 81
【习题】 ·········· 82

第 6 章　木马防护 ········· 84

6.1　木马概述 ············ 84
　6.1.1　木马定义 ········· 84
　6.1.2　木马原理 ········· 85
　6.1.3　木马分类 ········· 86
　6.1.4　网页挂马 ········· 87
6.2　冰河木马案例 ········· 90
　6.2.1　木马的攻击步骤 ····· 90
　6.2.2　冰河木马的攻击过程 ·· 90
　6.2.3　冰河木马的清除过程 ·· 95
　6.2.4　木马的防御 ······· 97
6.3　本章实训 ············ 98
　实训 1：冰河木马攻击复现 ···· 98
　实训 2：冰河木马的清除 ···· 99
【习题】 ·········· 99

第 7 章　病毒入侵 ········· 101

7.1　计算机病毒概述 ········ 101
　7.1.1　计算机病毒的定义 ··· 101

7.1.2　计算机病毒的特点 ··· 103
7.1.3　计算机病毒的分类 ··· 103
7.1.4　计算机病毒的典型案例 ··· 105
7.2　熊猫烧香案例分析 ······ 106
　7.2.1　蠕虫病毒概述 ······ 106
　7.2.2　熊猫烧香病毒分析 ··· 107
　7.2.3　熊猫烧香病毒清除 ··· 110
7.3　熊猫烧香专杀工具的编写 ·· 112
7.4　磁碟机病毒案例分析 ···· 114
　7.4.1　磁碟机病毒分析 ····· 114
　7.4.2　磁碟机病毒清除 ····· 119
7.5　本章实训 ············ 122
　实训 1：熊猫烧香病毒的分析和清除 ·· 122
　实训 2：熊猫烧香专杀工具的编写 ·· 123
　实训 3：磁碟机病毒的分析和清除 ·· 123
【习题】 ·········· 124

第 8 章　SSH ··········· 127

8.1　SSH 基本原理 ········· 127
　8.1.1　SSH 概述 ········· 127
　8.1.2　SSH 工作过程 ······ 128
8.2　配置 SSH ············ 130
　8.2.1　配置 SSH 服务器端 ···· 130
　8.2.2　配置 SSH 客户端 ····· 137
　8.2.3　SSH 配置示例 ······ 137
8.3　配置 SFTP ············ 139
　8.3.1　SFTP 介绍 ········· 139
　8.3.2　SFTP 配置 ········· 140
　8.3.3　SFTP 配置示例 ······ 140
【习题】 ·········· 141

第 9 章　园区网安全概述 ···· 143

9.1　网络安全概述 ········· 143
9.2　园区网安全防范措施 ···· 144
　9.2.1　安全网络整体架构 ··· 144
　9.2.2　端口接入控制 ······ 145
　9.2.3　访问控制 ········· 146
　9.2.4　安全连接 ········· 146
　9.2.5　其他安全防范措施 ··· 147
【习题】 ·········· 147

第 10 章　AAA、RADIUS 和 TACACS ··· 148

10.1　AAA 架构 ··········· 148

10.1.1　AAA 基本结构 ·············· 148
10.1.2　AAA 配置 ················· 150
10.2　RADIUS 协议 ················ 153
10.2.1　RADIUS 协议概述 ········· 153
10.2.2　RADIUS 消息交互流程 ····· 154
10.2.3　RADIUS 报文结构 ········· 155
10.2.4　RADIUS 属性 ············· 156
10.3　TACACS 协议 ··············· 158
10.3.1　TACACS 协议概述 ········ 158
10.3.2　HWTACACS 协议交互流程 ·· 158
10.3.3　HWTACACS 报文结构 ····· 160
【习题】 ························· 160

第11章　端口接入控制 ·········· 162

11.1　IEEE 802.1x 协议介绍 ········· 162
11.1.1　IEEE 802.1x 协议体系结构 ····· 162
11.1.2　IEEE 802.1x 基本概念 ······ 164
11.1.3　IEEE 802.1x 认证触发方式和
认证方式的分类 ········· 164
11.1.4　EAP 中继方式的认证流程 ····· 165
11.1.5　EAP 终结方式的认证流程 ····· 167
11.1.6　EAPoL 消息的封装格式 ····· 167
11.1.7　EAP-Packet 的封装格式 ···· 168
11.1.8　IEEE 802.1x、PPPoE 认证和
Web 认证的对比 ········· 169
11.2　IEEE 802.1x 扩展应用 ········· 169
11.2.1　Dynamic VLAN ·········· 170
11.2.2　Guest VLAN ············ 170
11.3　IEEE 802.1x 配置和维护 ······· 171
11.3.1　IEEE 802.1x 基本配置命令 ··· 171
11.3.2　IEEE 802.1x 的定时器及配置 ·· 172

11.3.3　配置 Guest VLAN 和 VLAN
下发 ··················· 173
11.3.4　IEEE 802.1x 典型配置案例 ····· 174
11.3.5　IEEE 802.1x 显示和维护 ····· 175
11.4　MAC 地址认证 ··············· 176
11.4.1　MAC 地址认证概述 ········ 176
11.4.2　两种认证方式的工作流程 ······ 176
11.4.3　MAC 地址认证的配置命令 ····· 177
11.4.4　MAC 认证的典型配置案例 ····· 178
11.4.5　MAC 地址认证的显示和维护 ··· 181
11.5　端口安全 ··················· 181
11.5.1　端口安全概述 ············· 181
11.5.2　端口安全的模式 ··········· 182
11.5.3　端口安全的配置命令 ········ 183
11.5.4　端口安全的配置案例 ········ 185
11.5.5　端口安全的显示和维护 ······ 188
【习题】 ························· 188

第12章　网络访问控制 ·········· 189

12.1　EAD 解决方案 ··············· 189
12.1.1　EAD 概述 ··············· 189
12.1.2　EAD 工作原理 ··········· 191
12.2　Portal 认证 ················· 192
12.2.1　Portal 概述 ·············· 192
12.2.2　Portal 认证方式 ·········· 194
12.2.3　Portal 认证过程 ·········· 194
12.2.4　Portal 认证配置命令 ······· 196
12.2.5　Portal 显示和维护 ········· 197
【习题】 ························· 198

参考文献 ······················· 200

Chapter

第1章

初识网络安全

 学习目标

1. 了解网络安全事件
2. 掌握网络安全定义
3. 了解网络安全发展阶段
4. 了解常见网络安全技术

1.1 网络安全概念

从本质上讲，网络安全就是网络上的信息安全，是指网络系统的硬件、软件和系统中的数据受到保护，不受偶然的或者恶意的攻击而遭到破坏、更改、泄露，系统连续、可靠、正常地运行，网络服务不中断。

广义上讲，凡是涉及网络上信息的保密性、完整性、可用性、真实性和可控性的相关技术和理论都是网络安全所要研究的领域。

网络安全包含以下五大要素：

1）保密性：信息不泄露给非授权用户、实体或过程，或供其利用的特性。

2）完整性：数据未经授权不能进行改变的特性，即信息在存储或传输过程中保持不被修改、不被破坏和丢失的特性。

3）可用性：可被授权实体访问并按需求使用的特性，即当需要时能够存取所需的信息。例如，网络环境下拒绝服务、破坏网络和有关系统的正常运行等都属于对可用性的攻击。

4）可控性：对信息的传播及内容具有控制能力。

5）可审查性：出现安全问题时提供依据与手段。

1.2 网络安全发展阶段

网络安全经历了以下四个发展阶段：

（1）通信安全时期（20 世纪 40 ~ 70 年代） 该阶段的主要标志是 1949 年香农发表的《保密通信的信息理论》。这个时期通信技术还不发达，计算机只是零散地位于不同的地点，信息系统的安全仅限于保证计算机的物理安全以及通过密码（主要是序列密码）解决通信

安全的保密问题。

(2) 计算机安全时期 (20 世纪 70 ~ 80 年代)　1977 年美国国家标准局 (NBS) 公布的国家数据加密标准 (DES) 和 1983 年美国国防部公布的可信计算机系统评估准则 (Trusted Computer System Evaluation Criteria, TCSEC, 俗称 "橘皮书", 1985 年再版), 标志着解决计算机信息系统保密性问题的研究和应用迈上了历史的新台阶。

可信计算机系统评估准则 (TCSEC) 将操作系统的安全级别分为四类七个级别 (D1、C1、C2、B1、B2、B3、A1)。D1: DOS; C2: UNIX、WindowsNT。

(3) 信息技术安全时期 (20 世纪 90 年代以来)　该阶段信息安全的焦点已经从传统的保密性、完整性和可用性三个原则衍生为诸如可控性、抗抵赖性、真实性等其他的原则和目标。

(4) 信息安全保障时期 (21 世纪以来)　该阶段的主要标志是信息保障技术框架 (IATF) 的制定。对信息的保护, 主要还是处于从传统安全理念到信息化安全理念的转变过程中, 那么面向业务的安全保障, 就完全是从信息化的角度来考虑信息的安全了。

《中华人民共和国网络安全法》已由中华人民共和国第十二届全国人民代表大会常务委员会第二十四次会议于 2016 年 11 月 7 日通过, 自 2017 年 6 月 1 日起施行。

1.3　网络安全技术

1.3.1　常见攻击技术

常见攻击技术包括以下几方面:

1) 流量阻塞攻击 (DDOS): 利用控制的僵尸机进行大流量的无效访问, 阻塞网络。

2) 漏洞攻击: 利用网络系统的漏洞 (操作系统、应用程序、协议等) 进行攻击, 典型的漏洞入侵有 SQL 注入入侵、跨站脚步入侵、Unicode 漏洞入侵等。

3) 协议欺骗攻击: 对网络协议的缺陷, 假冒身份来获取信息或取得特权的攻击方式。常见的协议欺骗攻击有 ARP 欺骗攻击、IP 欺骗攻击、DNS 欺骗攻击等。

4) 木马攻击: 与一般的病毒不同, 木马攻击通过将自身伪装, 吸引用户下载执行, 远程操作被种者的计算机。

5) 缓冲区溢出攻击: 是利用缓冲区溢出漏洞所进行的攻击行动。缓冲区溢出是一种非常普遍、非常危险的漏洞, 在各种操作系统和应用软件中广泛存在。利用缓冲区溢出攻击, 可以导致程序运行失败、系统关机、重新启动等, 甚至得到系统控制权, 进行各种非法操作。

6) 口令入侵: 使用社会工程学进行口令破解, 用一些软件解开已经得到但被人加密的口令文档, 不过许多黑客已大量采用一种可以绕开或屏蔽口令保护的程序 (Crack) 来完成这项工作。

1.3.2　常见防御技术

常见防御技术包括以下几方面:

1) 网络扫描: 利用网络扫描器对本地或远程系统进行信息收集及安全评估的一种技术

手段，可以扫描网络内活跃主机、探测系统开放端口、网络服务、操作系统类型、是否存在可利用的安全漏洞等。

2）漏洞扫描：可以确定目标网络上的主机是否在线、主机开放的端口以及服务、操作系统、安全漏洞等。

3）安全协议：安全协议是以密码学为基础的消息交换协议，其目的是在网络环境中提供各种安全服务。密码学是网络安全的基础，安全协议是网络安全的一个重要组成部分。

4）数据加密：加密技术是网络安全的基石，是指通过加密算法和加密密钥将明文转变为密文，而解密则是通过解密算法和解密密钥将密文恢复为明文，其核心是密码学。目前数据加密仍是计算机系统对信息进行保护的一种最可靠的办法。

5）身份认证：身份认证是指在计算机及计算机网络系统中确认操作者身份的过程，从而确定该用户是否具有对某种资源的访问和使用权限，进而使计算机和网络系统的访问策略能够可靠、有效地执行，防止攻击者假冒合法用户获得资源的访问权限，保证系统和数据的安全以及授权访问者的合法利益。

6）防火墙技术：防火墙是一种保护计算机网络安全的技术性措施，它通过在网络边界上建立相应的网络通信监控系统来隔离内部和外部网络，以阻挡来自外部的网络入侵。

7）防病毒技术：可以防范大部分针对缓冲区溢出（Buffer Overrun）漏洞的攻击（大部分是病毒）。

8）入侵检测技术：为保证计算机系统的安全而设计的一种能够及时发现并报告系统中未授权或异常现象的技术，是一种用于检测计算机网络中违反安全策略行为的技术。

【习　题】

1. 信息不泄露给非授权用户、实体或过程，体现网络安全的（　　）。
A. 机密性　　　　　　　　　　　B. 完整性
C. 可用性　　　　　　　　　　　D. 可控性
2. 信息在存储或传输过程中保持不被修改、不被破坏和丢失，体现网络安全的（　　）。
A. 机密性　　　　　　　　　　　B. 完整性
C. 可用性　　　　　　　　　　　D. 可控性
3. 按 TCSEC 标准，DOS 的安全级别是（　　）。
A. C1　　　　　　　　　　　　　B. C2
C. D1　　　　　　　　　　　　　D. B2
4. 《中华人民共和国网络安全法》自（　　）起正式施行。
A. 2017 年 6 月 1 日　　　　　　B. 2016 年 11 月 17 日
C. 2017 年 11 月 17 日　　　　　D. 2016 年 6 月 1 日
5. 按 TCSEC 标准，Windows NT 的安全级别是（　　）。
A. B2　　　　　　　　　　　　　B. C2
C. B1　　　　　　　　　　　　　D. C1

6. TCSEC 中划分的七个等级中，级别最高的是（　　）。

A. A1　　　　　　　　　　　　　　B. A2

C. C1　　　　　　　　　　　　　　D. C2

7. 可被授权实体访问并按需求使用的特性指的是（　　）。

A. 保密性　　　　　　　　　　　　B. 完整性

C. 可用性　　　　　　　　　　　　D. 可控性

8. （多选题）网络安全的特征包括（　　）。

A. 机密性　　　　　　　　　　　　B. 完整性

C. 可用性　　　　　　　　　　　　D. 可控性

E. 可审查性

Chapter

第2章

网络监听

 学习目标

1. 掌握网络监听原理
2. 掌握工具 Wireshark、xsniff 和 Sniffer 的使用方法
3. 掌握分析数据包的方法
4. 初步掌握网络监听的防御措施
5. 进一步强化网络安全意识

2.1　网络监听概述

2.1.1　监听的起源

有历史记载的最早的窃听装置是 2500 多年前在《墨子》一书中记载的叫作"听瓮"的陶瓷制品，如图 2-1 所示。听瓮像一个罐子，口小肚子大，大肚埋于地下，在瓮口蒙一层薄薄的皮革，人耳伏在上面，远处的声音从地上传到听瓮肚子里，产生回响，并把微弱的声音放大，就可以听到方圆数十里的动静，一般用于军事上。据说，还选用盲人作为窃听人员，因为他们的听力要比常人灵敏很多。更有甚者，还会让窃听人员坐在瓮里来倾听远处的动静，也叫作"罂听"。读者可以在《墨子》一书中查看听瓮的制作方法和具体用法。直到清朝末年，听瓮一直在军事作战中发挥着巨大作用。

到了北宋，《梦溪笔谈》一书中介绍了一种"箭囊听枕"的窃听方式，它使用的是一种用牛皮做的窃听装置，叫作"矢服"，就是用来盛装箭的器具，如图 2-2 所示。当需要窃听时，侦察人员就会拿出箭矢，吹足气，盖上盖子，夜里睡觉时，枕在头下，数里以内的人马声都能窃听到。它使用的原理是"虚能纳声"，矢服内的空腔能够接纳声音。

这些最原始的窃听装置反映出了古代劳动人民的智慧。

2.1.2　网络监听的定义

网络监听也叫网络嗅探，是在对方未察觉的情况下获取网络上流经的数据包的一种网络技术。通过网络监听可以获取很多敏感数据，比如电子邮件、即时消息、视频、照片、存储数据、语音信息、文件等。因此，网络监听给网络安全带来了很大的威胁。

图 2-1 听瓮

图 2-2 矢服

网络监听是网络管理人员常用的网络管理技术，利用监听工具，监视网络状态、数据流量以及网络上数据传输的技术。只要将网络界面设定成监听模式，就可以截获网络上所传输的信息。但是网络监听只能应用于监听同一网段的主机，也就是说，只能在局域网内监听。网络监听作为网络管理的最常用的技术手段，使用的目的是为了监测网络的运行状态，进行故障诊断与排查，保障网络安全稳定运行。但该技术也常常被黑客用来截获网络上的敏感数据，特别是用户名、密码、身份信息、电话号码、家庭地址、聊天记录等，以此来达到恶意攻击或盗取他人个人信息、财产等目的。

2.1.3 网络监听的原理

网络监听的目的是要获取需要的数据，首先需要让数据流经监听主机的网卡。以太网的组网模式和网卡的工作模式如下。

（1）以太网的组网模式

1）共享式：某一节点发出的数据帧会广播到同一集线器相连的所有节点。

2）交换式：交换机根据收到的数据帧中的目的 MAC 地址将数据帧转发到交换机的相应端口。

因此，共享式很容易被监听；交换式需要进行相应的设置，才能让数据帧转发到监听主机，实现监听。

（2）网卡的工作模式　网卡又叫网络适配器或网络接口卡（Network Interface Card，NIC），网卡有四种工作模式。

1）广播模式（Broadcast Model）：网卡能接收网络中的广播帧。广播帧的物理地址（MAC 地址）是 0Xffffffffffff。

2）多播模式（Multicast Model）：多播传送地址作为目的物理地址的帧可以被组内的其他主机同时接收，而组外主机却接收不到。

3）直接模式（Direct Model）：工作在直接模式下的网卡只接收目的地址与自己 MAC 地址相符的帧。

4）混杂模式（Promiscuous Model）：接收所有的流过网卡的帧，不管目的地址是否和自己的 MAC 地址相符。

要让数据流经网卡，网卡的工作模式应设置为混杂模式。当数据包流经网卡设置为混杂模式的嗅探机时，嗅探机就可以监听网络中的数据流量，获取有用信息。

　　嗅探机在监听模式下，是被动地接收数据，因此具有隐蔽性，不易被察觉，所以经常被黑客用来监听网络，实施网络攻击。

2.1.4　网络监听的防御

　　由于网络监听是被动接收数据流量的，因此具有隐蔽性，很难被发现。常用的防御措施有以下几种：

　　1）数据加密：对秘密数据进行加密传输是最常用、最有效的防御措施。

　　2）交换式：使用交换式传输技术进行点对点传输，也可以增加攻击者网络监听的难度。

　　3）划分 VLAN（虚拟局域网）：将网络划分为不同网段，也能减小可能被监听的范围。

　　4）增强网络安全意识，提高防御监听能力。从自身出发，增强网络安全意识，不断提高防御监听能力。

2.2　嗅探密码信息

　　常用的监听软件有两类：一类是在 Windows 平台中的，如 Sniffer pro、Wireshark、Net monitor；另一类是在 Linux 平台中的，如 Wireshark、tcpdump、netsniff-ng，每个软件都各有优点。

　　下面通过具体的项目来介绍监听工具的使用。

2.2.1　使用 Wireshark 嗅探登录用户名和密码

　　项目需求：使用 Wireshark 嗅探登录用户名和密码，具体内容是通过 Wireshark 软件嗅探 ftp 登录用户名和密码及校园网络登录用户名和密码。

　　完成本项目的关键点有三个，如图 2-3 所示。

图 2-3　关键点

　　第一，选择网络接口，也就是要选择网卡，才能抓取流经该网卡的所有网络数据。在抓取过程中，通过某一接口的数据流量很大，要从这些数据中有效筛选需要的信息。

　　第二，网络协议的选择。

　　第三，要看懂筛选出来的数据，就需要读懂数据的内容，也就是对数据进行分析。

　　三个关键点都做到了，最终才能真正获取有用的信息。

　　根据项目需求，将本项目分解为两个任务。由于 Wireshark 在 Windows 和 Linux 系统中均可使用，因此为了让读者全面掌握该软件的嗅探过程，将两个任务分别通过两个系统来完成。

　　任务 1：在 Linux 平台中，通过 Wireshark 软件嗅探 FTP 登录用户名和密码。

　　任务 2：在 Windows 平台中，通过 Wireshark 软件嗅探校园网络登录用户名和密码。

1. 任务 1 的实现

任务 1 的拓扑结构，如图 2-4 所示。

FTP 服务器 PCA（192.168.1.3）、客户端 PCB（192.168.1.30）和嗅探机 PCC（192.168.1.40）属于同一局域网。

本任务要实现的目标是当客户端 PCB 访问 FTP 服务器 PCA 时，嗅探机 PCC 中 Wireshark 嗅探到 PCB 登录 PCA 时输入的 FTP 用户名和密码。

将任务 1 分解为五个步骤：

步骤一，配置 FTP 服务器，设置用户名和密码。

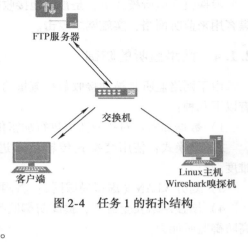

图 2-4　任务 1 的拓扑结构

步骤二，选择网络接口、网卡模式、网络协议。

步骤三，嗅探机开启嗅探，准备抓包。

步骤四，通过"ftp://服务器 IP 地址"访问 FTP 服务器。

步骤五，在数据统计窗格查看嗅探结果，找到用户名和密码。

下面具体实现任务 1：

首先要有三台主机分别作为 FTP 服务器 PCA、客户端 PCB、嗅探机 PCC 组建一个局域网，考虑到项目本身的网络安全和实验时数据的隔离，建议使用内部网络。其次要配置好三台主机 IP 地址在同一物理网段。

第一步，在 PCA 配置 FTP 服务器，设置一个用户名 gaosong 和密码 123456。

第二步，选择网络接口、网卡模式、网络协议。

在 PCC 的 Wireshark 软件的菜单栏中，选择"捕获"菜单下的"选项"，如图 2-5 所示。

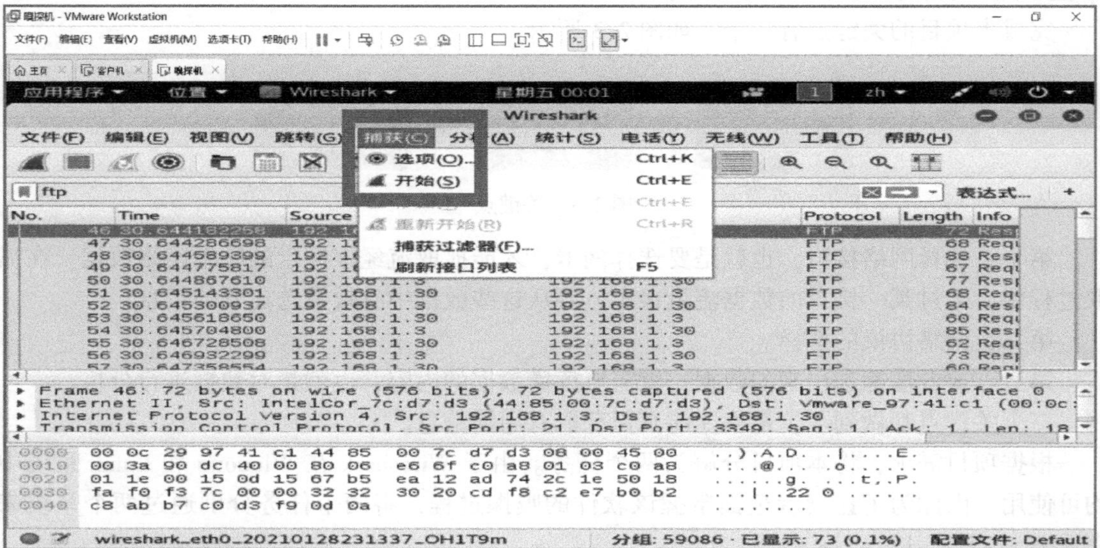

图 2-5　"捕获"菜单下的"选项"

选择网卡，并勾选"在所有接口上使用混杂模式"网卡模式，如图 2-6 所示。

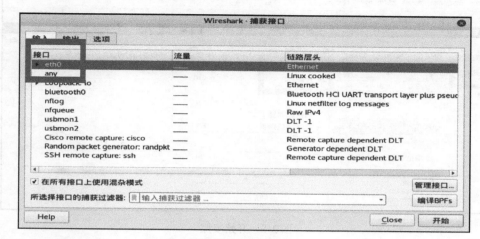

图 2-6 混杂模式

在所选择接口的捕获过滤器中，可以选择网络协议，如图 2-7 所示，也可以暂时不选，等嗅探结束后再通过设置网络协议筛选有效数据报。

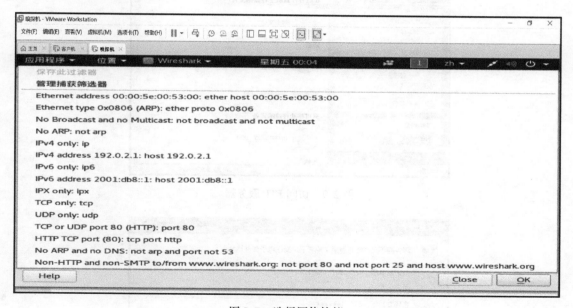

图 2-7 选择网络协议

第三步，单击"开始"按钮，开始嗅探，如图 2-8 所示。

第四步，在 PCB 中通过"ftp://192.168.1.3"地址访问 FTP 服务器，如图 2-9 所示，输入用户名和密码，如图 2-10 所示。

第五步，在 Wireshark 中单击结束嗅探，在数据统计窗格查看嗅探结果。在 Filter 后面输入网络协议名称 ftp，按"Enter"键后即可筛选出嗅探到的所有 FTP 数据报，可以从中找到用户名和密码，如图 2-11 所示。

图 2-8　开始嗅探

图 2-9　访问 FTP 服务器

图 2-10　输入用户名和密码

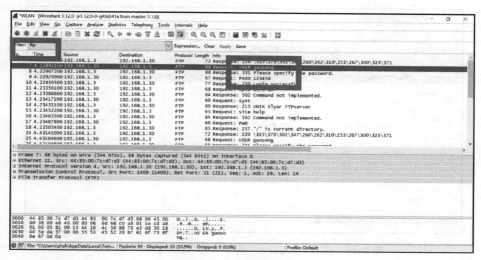

图 2-11　嗅探结果

从而实现任务 1 目标的达成。

2. 任务 2 的实现

任务 2 的拓扑结构，如图 2-12 所示。

本任务要实现的目标是当教师或学生在 PCA 中访问校园网络时，嗅探机 PCB 中 Wireshark 嗅探到教师或学生登录时输入的用户名和密码。

将任务 2 分解为五个步骤：

步骤一，选择网络接口、网卡模式、网络协议。

步骤二，开启嗅探，准备抓包。

步骤三，登录校园网，输入用户名和密码。

步骤四，查找含用户名关键字的数据记录。

步骤五，在协议分析窗格找到用户名和密码。

任务 2 具体实施过程：

第一步，在 PCB 中运行 Wireshark 软件，同任务 1 一样选择 "Capture" 菜单下的 "Interfaces"

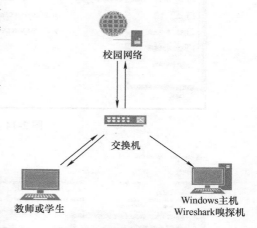

图 2-12　任务 2 的拓扑结构

选项，如图 2-13 所示。选择网络接口、网卡模式、网络协议，如图 2-14 ~ 图 2-16 所示。

第二步，单击 "Capture" 菜单下的 "Start" 或常用工具栏上的第三个图标，如图 2-17 所示，开始嗅探，准备抓包。

第三步，在 PCA 中登录校园网（portal. bcpl. cn），输入用户名 0000493 和密码 gs123456，如图 2-18 所示，停止嗅探。

第四步，查找含用户名关键字的数据记录。

由于访问的是 Web 页面，所以首先在 Filter 后面输入 HTTP，筛选出 HTTP 数据报，缩小数据报范围。那么怎样找到用户名和密码呢？首先可以在浏览器的开发人员工具中打开网页源代码，找到用户名和密码的关键字，如图 2-19 所示。

图 2-13　选择"Capture"菜单下的"Interfaces"选项

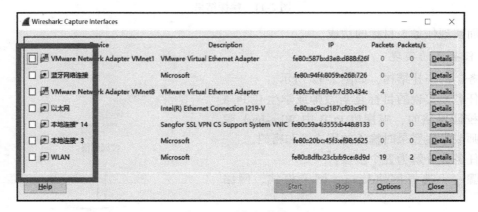

图 2-14　选择网络接口

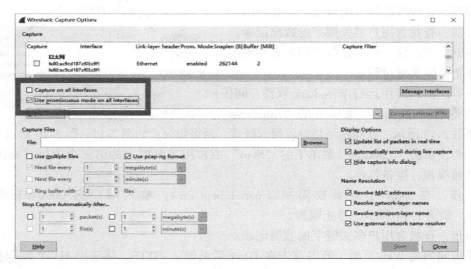

图 2-15　选择网卡模式

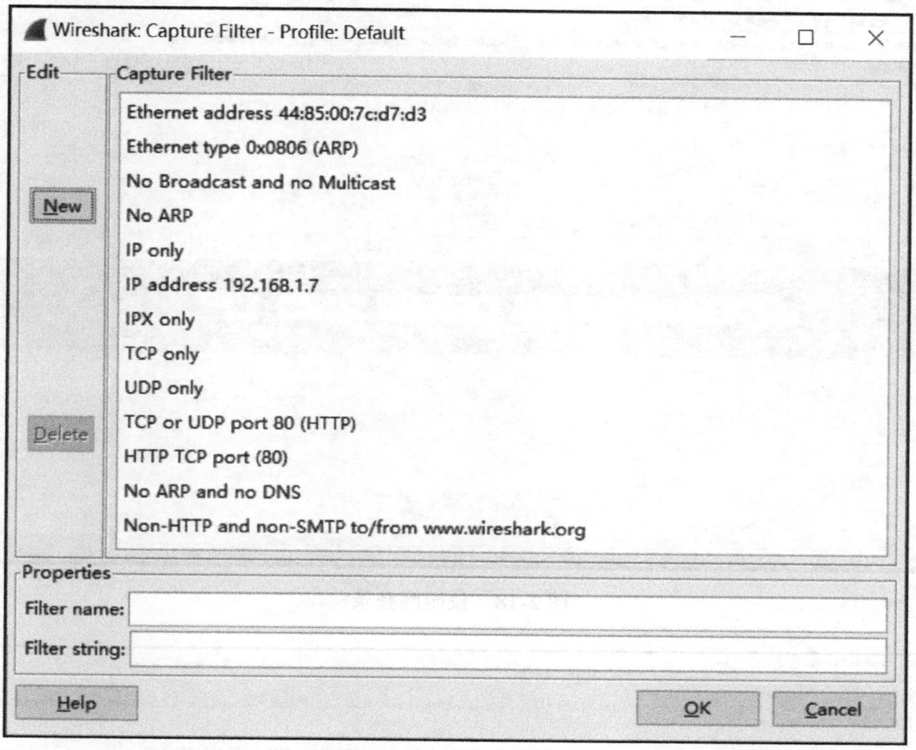

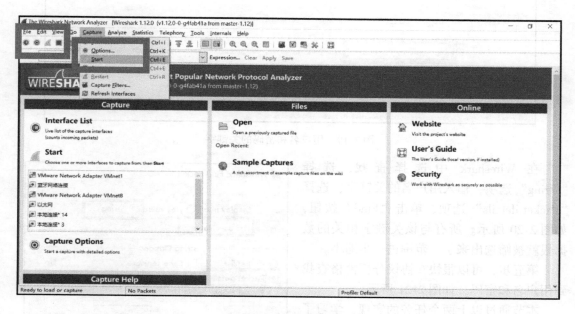

图 2-16 选择网络协议

图 2-17 开始嗅探

图 2-18　校园网登录

图 2-19　用户名和密码的关键字

在 Wireshark 中选择查找，选择
"String" 选项，输入用户名的关键字，选择
"Packet details" 选项，单击 "Find" 按钮，
如图 2-20 所示。所有与该关键字相关的数
据报就被筛选出来了，范围进一步缩小。

第五步，可以很快在协议分析窗格查找
到用户名和密码，如图 2-21 所示。

本节通过以上两个任务的实现，学习了
Wireshark 是如何嗅探到登录用户名和密码
的，重点是选择网络接口、网络协议，筛选

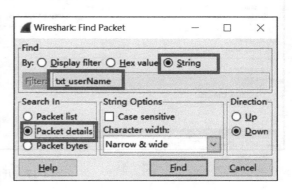

图 2-20　选择相关内容

14

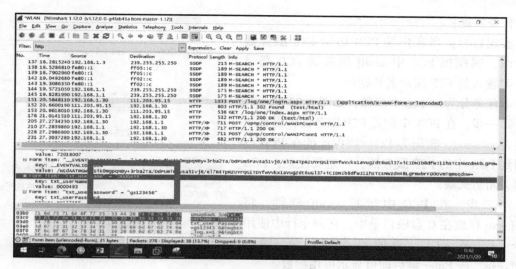

图 2-21 查找到用户名和密码

有效的数据报并进行报文分析,获取有用的信息。

2.2.2 使用 xsniff 嗅探 FTP 用户名和密码

xsniff 可捕获共享式网络环境内的 FTP/SMTP/POP3/HTTP 密码。xsniff 的常用参数选项及含义如表 2-1 所示。

表 2-1 xsniff 的常用参数选项及含义

选 项	含 义
– tcp	输出 TCP 数据包
– udp	输出 UDP 数据包
– icmp	输出 ICMP 数据包
– pass	过滤出用户名和密码
– addr < IP >	输出指定 IP 地址的数据包
– port < port >	输出指定端口的数据包
– log < File >	输出结果到指定的日志文件中
– asc	以 ASCII 方式解码数据包
– hex	以 HEX（16 进制）方式解码数据包

项目需求:使用 xsniff 嗅探登录用户名和密码。

具体要求:通过 xsniff 软件嗅探 FTP 登录用户名和密码。

任务拓扑结构:FTP 服务器 PCA、客户端 PCB 和 xsniff 嗅探机 PCC 属于同一局域网,如图 2-22 所示。

其中,FTP 服务器 PCA 的 IP 地址为 192.168.1.3,客户端 PCB 的 IP 地址为 192.168.1.30,xsniff 嗅探机 PCC 的 IP 地址为 192.168.1.40。

任务实施：

实现目标：当客户端 PCB 访问 FTP 服务器 PCA 时，嗅探机 PCC 中 xsniff 嗅探到 PCB 登录 PCA 时输入的 FTP 用户名和密码。

本任务分为以下五个步骤，如图 2-23 所示。

第一步，在 PCA 中配置 FTP 服务器，设置用户名为 gaosong，密码为 123。要保证能在 PCB 中访问到 PCA 中的 FTP 服务器，一定要注意：PCA 必须关闭防火墙。

第二步，在 PCC 中运行 xsniff 软件，将 xsniff.exe 存放在 C 盘根目录中，在命令行中使用命令 cd.. 或 cd \，返回 C 盘根目录。输入 xsniff.exe，按 Enter 键后即可显示可用参数。

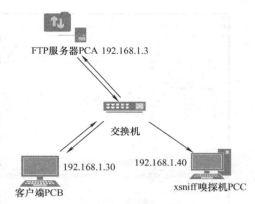

图 2-22　拓扑结构

图 2-23　任务分解图

第三步，要想过滤出用户名和密码，需要输入 xsniff.exe-pass，如图 2-24 所示。

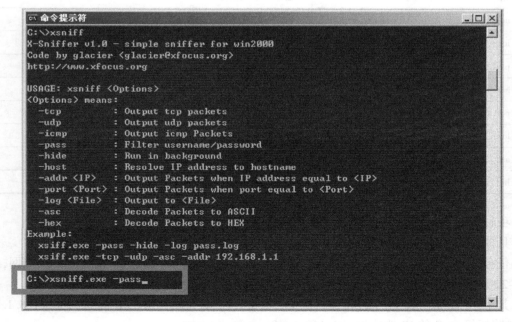

图 2-24　输入 xsniff.exe-pass

按"Enter"键后，即可显示 PCC 中嗅探机开始嗅探，正在嗅探 TCP 密码，准备抓包，如图 2-25 所示。

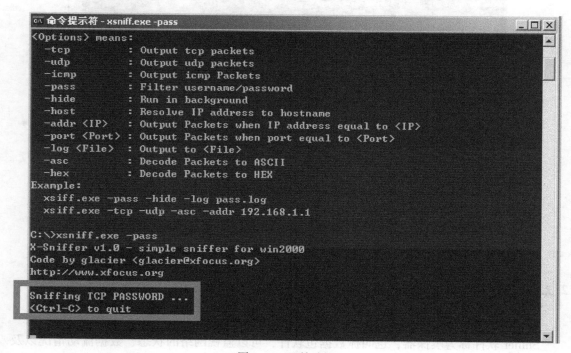

图 2-25 开始嗅探

第四步，在 PCB 中通过"ftp://192.168.1.3"地址访问 PCA 中的 FTP 服务器，输入用户名 gaosong，密码 123，单击"登录"按钮，如图 2-26 所示。

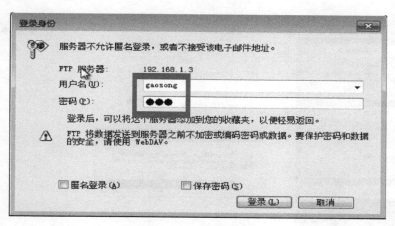

图 2-26 输入用户名和密码

第五步，在 PCC 命令窗格查看嗅探结果，即可找到登录时输入的 FTP 用户名和密码，如图 2-27 所示。

本节通过具体的任务学习了 xsniff 的使用，并通过它嗅探到了 FTP 登录用户名和密码。

图 2-27　查看嗅探结果

2.2.3　使用 Sniffer 嗅探 FTP 用户名和密码

1. Sniffer 软件的安装

Sniffer 软件称为嗅探器，也叫抓数据包软件，可以监视网络的状态、数据流动情况以及网络上传输的信息，被广泛应用于捕获数据包和分析网络流量。

PCC 中选择 Sniffer 软件进行安装，如图 2-28 所示。

图 2-28　安装 Sniffer 软件

单击 "Next" 按钮, 如图 2-29 所示。

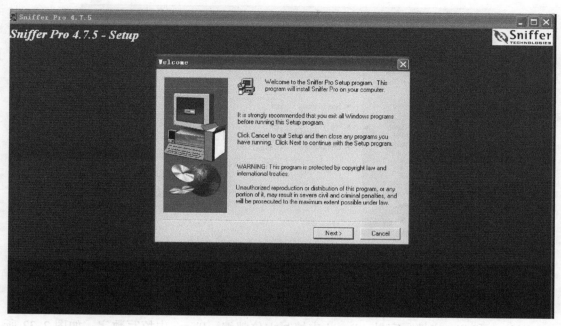

图 2-29 单击 "Next" 按钮

填写 Name 和 Company, 单击 "Next" 按钮, 如图 2-30 所示。

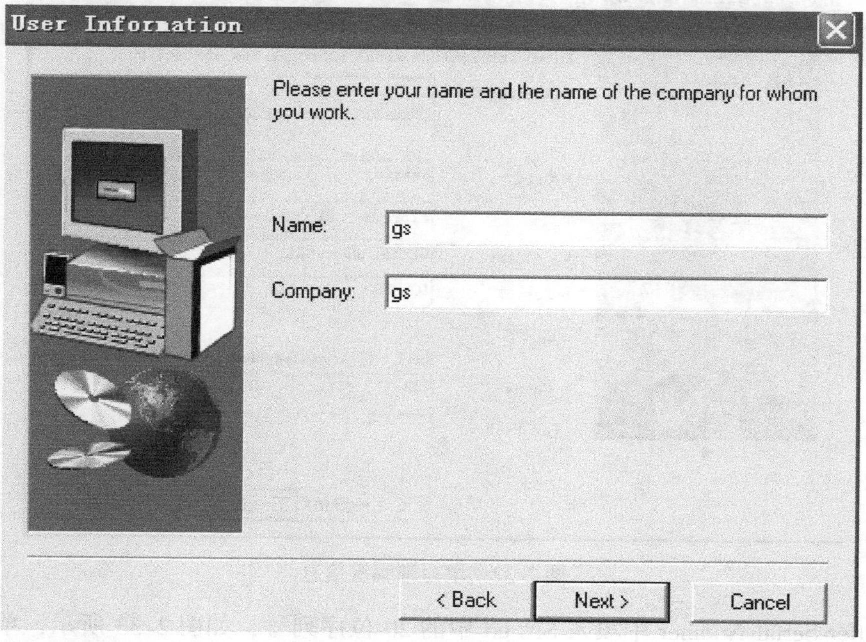

图 2-30 填写 Name 和 Company

前四项均填写字母，E-mail 填写正确的邮箱，如图 2-31 所示，单击"下一步"按钮。

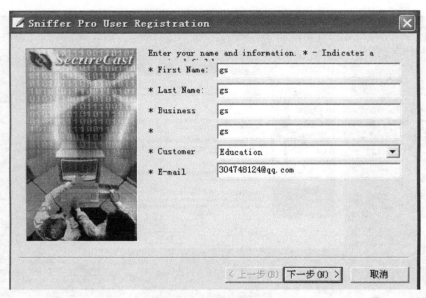

图 2-31　填写邮箱等信息

Address 和 City 中填写字母，Postal 中填写六位邮编，Phone 中填写数字，如图 2-32 所示，单击"下一步"按钮。

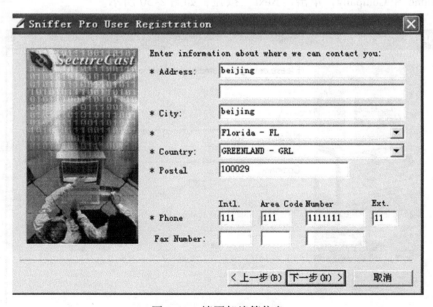

图 2-32　填写邮编等信息

在 Sniffer Serial Number 中填入 SN. txt 中的 20 位序列号，如图 2-33 所示，单击"下一步"按钮。

选择最后一项，如图 2-34 所示，单击"下一步"按钮。

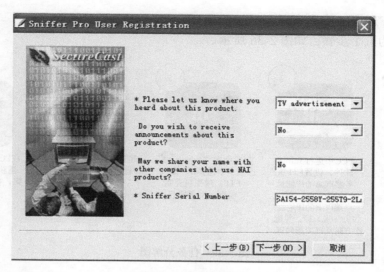

图 2-33　填写序列号

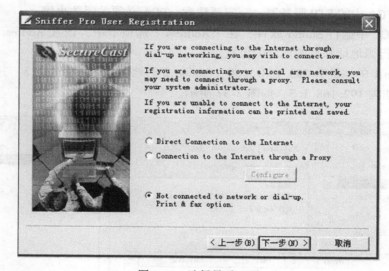

图 2-34　选择最后一项

安装完毕，重启计算机即可使用 Sniffer 软件。

2. 使用 Sniffer 嗅探登录用户名和密码

项目需求：使用 Sniffer 嗅探登录用户名和
密码。

具体要求：通过 Sniffer 软件嗅探 FTP 登录用
户名和密码。

拓扑结构：FTP 服务器 PCA、客户端 PCB 和
嗅探机 PCC 属于同一局域网，如图 2-35 所示。

任务实施：

实现目标：当客户端 PCB 访问 FTP 服务器
PCA 时，嗅探机 PCC 中 Sniffer 嗅探到 PCB 登录

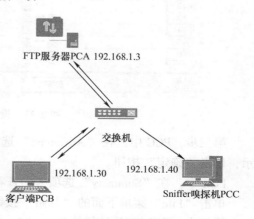

FTP服务器PCA 192.168.1.3

交换机

192.168.1.30

192.168.1.40

客户端PCB

Sniffer嗅探机PCC

图 2-35　拓扑结构

PCA 时输入的 FTP 用户名和密码。

本任务分为五个步骤，如图 2-36 所示。

图 2-36 任务分解图

第一步，在 PCA 中配置 FTP 服务器，设置用户名为 gaosong，密码为 123。要保证能在 PCB 中访问到 PCA 中的 FTP 服务器，一定要注意：PCA 必须关闭防火墙。

第二步，PCC 中运行 Sniffer 软件，在"Address"选项卡中，设置 Address 为 IP，将要通过 IP 地址进行源地址和目的地址的设置。

设置 Station 1 的地址为 192.168.1.30，Station 2 的地址为 192.168.1.3，并配置方向从 192.168.1.30 指向 192.168.1.3，如图 2-37 所示。

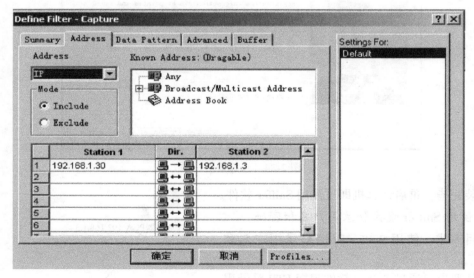

图 2-37 设置源地址和目的地址

第三步，PCC 中，在"Advanced"选项卡中选择 IP 中的 TCP 下的 FTP，如图 2-38 所示，单击"确定"按钮。

PCC 中，在"Summary"选项卡中查看设置情况，如图 2-39 所示，单击"确定"按钮。

单击"File"菜单下面的"开始"按钮，开始抓包。

第四步，在 PCB 地址栏中输入"ftp://192.168.1.3"，按"Enter"键后，输入 FTP 用

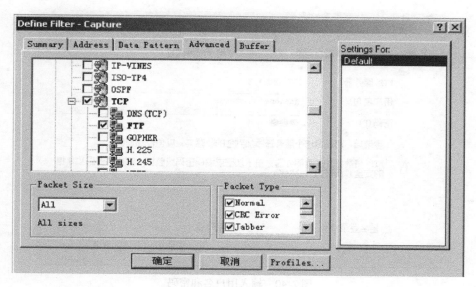

图 2-38　选择 FTP

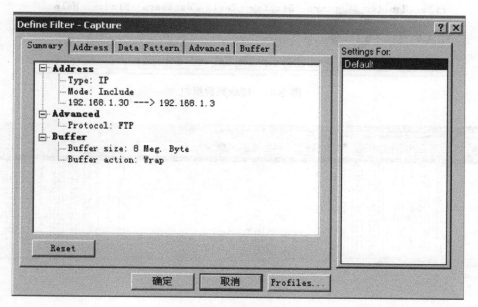

图 2-39　查看设置信息

户名和密码，如图 2-40 所示。

　　第五步，在常用工具栏中第四个工具右下角多了一个红色的小方块，说明已经抓取到符合过滤条件的数据包，如图 2-41 所示。

　　单击该按钮，在弹出的窗口左下角选择 "Decode"，即可在 PCC 中 Sniffer 捕获到的数据包窗格中查看嗅探结果，找到 FTP 用户名和密码，如图 2-42 所示。

　　本节通过具体的任务学习了 Sniffer 软件的安装，并使用它嗅探到 FTP 登录用户名和密码。

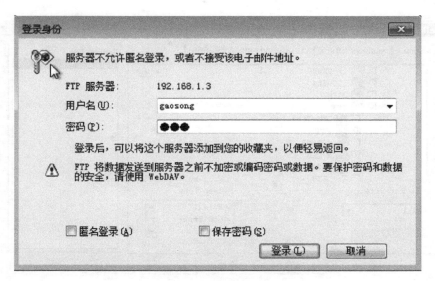

图 2-40　输入用户名和密码

图 2-41　抓取到数据包

图 2-42　抓取到用户名和密码

2.3　本章实训

实训 1：使用 Wireshark 嗅探用户名和密码

1. 实验目的

1）掌握网络监听原理。

2）掌握使用 Wireshark 嗅探 FTP 用户名和密码的过程。

2. 实验环境

FTP 服务器（192.168.1.3）、客户端（192.168.1.30）和嗅探机（192.168.1.40）配置为同一网段（可按自己的物理网段配置），即

192.168.1.3 为 FTP 服务器；

192.168.1.30 为客户端，访问 FTP 服务器，输入 FTP 用户名和密码；

192.168.1.40 为嗅探机，安装 Wireshark 软件，进行嗅探。

3. 实验内容

要求分别在 Windows 和 Linux 平台中，通过 Wireshark 软件嗅探 FTP 登录用户名和密码。

1）先在 192.168.1.3（必须关闭防火墙）中配置 FTP 服务器，设置用户名（自己的姓名）和密码（学号后六位）。

2）在 192.168.1.40 中安装 Wireshark 软件，启动后选择网络接口、网卡模式（混杂）、网络协议（TCP）。

3）开始嗅探。

4）在 192.168.1.30 中通过"ftp://192.168.1.3"地址访问 FTP 服务器。

5）在 Wireshark 中单击"结束嗅探"，在 Filter 后面输入网络协议名称 ftp，按"Enter"键后即可在数据统计窗格查看嗅探结果，筛选出嗅探到的所有 FTP 数据报。

实训 2：使用 xsniff 嗅探登录用户名和密码

1. 实验目的

1）掌握网络监听原理。

2）掌握使用 xsniff 嗅探 FTP 用户名和密码的过程。

2. 实验环境

FTP 服务器（192.168.1.3）、客户端（192.168.1.30）和嗅探机（192.168.1.40）配置为同一网段（可按自己的物理网段配置），即

192.168.1.3 为 FTP 服务器；

192.168.1.30 为客户端，访问 FTP 服务器，输入 FTP 用户名和密码；

192.168.1.40 为嗅探机，安装 xsniff 软件，进行嗅探。

3. 实验内容

要求在 Windows 平台中，通过 xsniff 软件嗅探 FTP 登录用户名和密码。

1）先在 192.168.1.3（必须关闭防火墙）中配置 FTP 服务器，设置用户名（自己的姓名）和密码（学号后六位）。

2）在192.168.1.40中安装xsniff软件,将xsniff.exe存放在C盘根目录中。

3）在命令行中使用命令cd..或cd\,返回C盘根目录。

4）输入xsniff.exe。

5）按"Enter"键后显示可用参数。

6）输入xsniff.exe-pass,按"Enter"键。

7）在"Advanced"选项卡中选择IP中的TCP下的FTP。

8）单击"File"菜单中的"开始"按钮,开始抓包。

9）在192.168.1.30地址栏里输入ftp://192.168.1.3,按"Enter"键后输入FTP用户名和密码。

10）在192.168.1.40命令窗格中查看嗅探结果,找到FTP用户名和密码。

实训3:使用Sniffer嗅探FTP用户名和密码

1. 实验目的

1）掌握网络监听原理。

2）掌握使用Sniffer嗅探FTP用户名和密码的过程。

2. 实验环境

FTP服务器（192.168.1.3）、客户端（192.168.1.30）和嗅探机（192.168.1.40）配置为同一网段（可按自己的物理网段配置）,即

192.168.1.3为FTP服务器;

192.168.1.30为客户端,访问FTP服务器,输入FTP用户名和密码;

192.168.1.40为嗅探机,安装Sniffer软件,进行嗅探。

3. 实验内容

要求在Windows平台中,通过Sniffer软件嗅探FTP登录用户名和密码。

1）先在192.168.1.3（必须关闭防火墙）中配置FTP服务器,设置用户名（自己的姓名）和密码（学号后六位）。

2）在192.168.1.40中安装Sniffer软件,并填入正确的注册信息,安装完毕后重启系统。

3）运行Sniffer软件,在"Address"选项卡中设置Address为IP,设置Station 1地址为192.168.1.30、Station 2地址为192.168.1.3,并配置方向从192.168.1.30指向192.168.1.3。

4）在"Advanced"选项卡中选择IP中的TCP下的FTP。

5）单击"File"菜单中的"开始"按钮,开始抓包。

6）在192.168.1.30地址栏里输入ftp://192.168.1.3,按"Enter"键后输入FTP用户名和密码。

7）在常用工具栏中第四个工具右下角多了一个红色的小方块,说明已经抓取到符合过滤条件的数据包。

8）单击该按钮,在弹出的窗口左下角选择"Decode",即可在PCC中Sniffer捕获到的数据包窗格中查看嗅探结果,找到FTP用户名和密码。

【习　　题】

1. 选择题

1) 进行网络监听时, 网卡的工作模式是 (　　)。

A. 广播模式　　　　B. 多播模式　　　　C. 直接模式　　　　D. 混杂模式

2) 为了防御网络监听, 最常用的方法是 (　　)。

A. 采用物理传输 (非网络)　　　　B. 信息加密

C. 无线网　　　　D. 使用专线传输

3) 下列关于网络监听工具的描述错误的是 (　　)。

A. 网络监听工具也称嗅探器

B. 网络监听工具可监视网络的状态

C. 网络监听工具也称扫描器

D. 网络监听工具可监视或抓取网络上传输的信息

4) (　　) 工具是监听工具。

A. Wireshark　　　　B. LanSee　　　　C. SuperScan　　　　D. PortScan

5) (　　) 工具不是监听工具。

A. Wireshark　　　　B. Sniffer　　　　C. PortScan　　　　D. Net monitor

6) FTP 服务是 (　　) 传递信息的。

A. 明文　　　　B. 密文

7) 网络监听是 (　　)。

A. 远程观察一个用户的计算机

B. 监视网络的状态、传输的数据流

C. 监视 PC 系统的运行情况

D. 监视一个网站的发展方向

8) "棱镜门" 主要曝光了对互联网的 (　　) 活动。

A. 监听　　　　B. 看管　　　　C. 羁押　　　　D. 受贿

9) (　　) 传输方式更容易被监听。

A. 共享式　　　　B. 交换式

2. 判断题

1) Wireshark 工具只能用在 Linux 系统中。(　　)

2) 在交换式网络中能被监听。(　　)

第3章

网 络 扫 描

 学习目标

1. 初步掌握端口扫描的原理
2. 初步掌握漏洞扫描的功能
3. 掌握利用 PortScan 扫描开放端口及服务等信息
4. 掌握利用 X - Scan 扫描开放端口及漏洞等信息
5. 进一步强化网络安全意识

3.1 网络扫描技术概述

3.1.1 网络扫描技术

网络扫描是利用网络扫描器对本地或远程系统进行信息收集及安全评估的一种技术手段。根据网络扫描器的工作流程，可以扫描网络内活跃主机、探测系统开放端口、网络服务、操作系统类型、是否存在可利用的安全漏洞等。

网络扫描也可以分为端口扫描和漏洞扫描。

1）端口扫描：能够获取目标主机开放了哪些端口、提供了哪些网络服务等。

2）漏洞扫描：可以确定目标网络上的主机是否在线、主机开放的端口以及服务、操作系统、安全漏洞等。漏洞扫描是针对安全评估的一种综合性的扫描。

3.1.2 端口扫描

端口是设备与外界通信交流的出口，它的英文是 Port。有人把计算机比作一栋房子，而把端口比作通向这栋房子不同房间的门，房子只有一栋，但是房间可能有好几个。入侵者要攻击这栋房子，就要考虑房子的门开在哪里、分别都是什么样的门。门对应的就是计算机的端口，而端口通常绑定了某种服务，因此探测到开放的端口，就能知道计算机提供的服务。攻击者可以通过某些端口或漏洞扫描工具探测出计算机可能存在的漏洞，从而实施攻击。

1. 端口的分类

端口可分为物理端口和虚拟端口。

1）物理端口又称为接口，是可见端口，如交换机、路由器、集线器或计算机网络接口 RJ45 及电话线的插口 RJ11。

2）虚拟端口指的是计算机内部或交换机、路由器等网络设备内部的端口，是不可见的，如 21 端口、80 端口等。

端口开放指的是虚拟端口的开放。端口号的范围是 0 ~ 65535。

端口又可以分为公认端口和动态端口。

1）公认端口的端口号是从 0 ~ 1023，通常是绑定了某些服务。例如：80 端口分配给了超文本传输协议（HyperText Transfer Protocol，HTTP）服务，用来提供网页浏览服务；21 号端口分配给了文件传输协议（File Transfer Protocol，FTP）服务；25 号端口分配给了简单邮件传输协议（Simple Mail Transfer Protocol，SMTP）服务。

2）动态端口：端口号从 1024 ~ 65535，一般不固定分配给某个服务。

这些端口也可以用于很多服务，是进行动态分配的。只要系统进程或应用程序向系统提出申请，那么系统就可以从 1024 开始的端口号中分配一个端口号供该程序使用。在关闭程序进程后，所用的端口号也同时会被释放。

2. 端口扫描

针对端口扫描，按照传输协议可以分为传输控制协议（Transmission Control Protocol，TCP）端口扫描、用户数据报协议（User Datagram Protocol，UDP）端口扫描。

由于 UDP 是非面向连接的，因此 UDP 端口扫描的可靠性不高，主要检测是否存在 ICMP 端口不可达数据包。根据该数据包是否出现，来判断对方这一端口上是否有程序在监听，或者说该端口是否存在漏洞。

而 TCP 端口扫描有很多种，下面重点介绍 TCP connect（　）扫描、TCP SYN 扫描、TCP FIN 扫描。

首先来看一下扫描机和目标机之间建立 TCP 三次握手连接的过程，如图 3-1 所示。

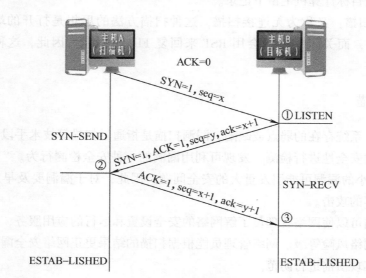

图 3-1　建立 TCP 三次握手连接的过程

第一次握手：扫描机发送 SYN 包到目标机，等待目标机确认，进入 SYN_ SEND 状态。

第二次握手：目标机收到 SYN 包，必须确认扫描机的 SYN，同时发送一个 SYN 包，即 SYN + ACK 包，目标机进入 SYN_RECV 状态。

第三次握手：扫描机收到目标机的 SYN + ACK 包，向目标机发送确认包 ACK，此包发送完毕，扫描机和目标机进入 ESTABLISHED 状态，TCP 连接成功，完成三次握手。

TCP 扫描类型如表 3-1 所示。

表 3-1　TCP 扫描类型

扫描类型	优点	缺点
TCP connect( ) 扫描	无须 root 权限	建立 TCP 三次握手连接，目标机留痕，易被发现，速度慢
TCP SYN 扫描	未建立全 TCP 连接，降低了被发现的可能，扫描速度加快	要有 root 权限，也会被某些程序检测到
TCP FIN 扫描	无须建立 TCP 连接，更安全	要有 root 权限，适用于 UNIX 系统

1）TCP connect( ) 扫描：又称为全连接扫描，这种扫描要与每个 TCP 端口进行三次握手连接通信。成功建立连接，则证明端口开放，否则为关闭。这种扫描方式准确度很高，但是容易被发现，并且在目标主机日志里会有记录。

2）TCP SYN 扫描：又称为半连接扫描，当扫描程序收到了 SYN/ACK 包时，则发送一个 RST 信号来关闭这个连接过程，因此并没有完全建立三次握手连接。这种扫描技术的优点在于一般不会在目标计算机上留下记录。

3）TCP FIN 扫描：又称为无连接扫描，这种扫描方法的思想是打开的端口会忽略对 FIN 数据包的回复，而关闭的端口会用 RST 来回复 FIN 数据包。因此，这种扫描方式更安全。

3.1.3　漏洞扫描

漏洞是指一个系统存在的弱点或缺陷。漏洞扫描是指通过扫描等技术手段，对本地或者远程计算机系统的安全性进行检测，发现可利用漏洞的一种安全检测行为。"千里之堤，溃于蚁穴"，一个小小的漏洞可能引发重大的安全问题。因此，对于漏洞要及早发现、及时修补，以免遭到黑客的攻击。

通过漏洞扫描可以使网络管理员了解网络的安全设置和运行的应用服务，及时发现安全漏洞，客观评估网络风险等级。网络管理员能根据扫描的结果更正网络安全漏洞和系统中的错误设置，在黑客攻击前进行防范。

漏洞扫描也分为很多种类，如表 3-2 所示。

表 3-2　漏洞扫描类型及特点

漏洞扫描类型	特　　点
网络	通过网络来扫描远程计算机中的漏洞，无须权限，价格相对便宜
主机	在目标系统上安装代理或者服务，从而能够访问所有的文件与进程，需要管理员权限，能够扫描到较多漏洞
数据库	漏洞较多，可以扫描到 DBMS、权限提升、缓冲区溢出、补丁未升级等漏洞
Web 应用	可扫描出 SQL 注入、XSS 跨站点脚本、跨目录访问、缓冲区溢出、cookies 修改、上传漏洞等多种漏洞

3.2　网络扫描工具的使用

3.2.1　扫描工具的介绍

网络扫描工具有端口扫描工具和漏洞扫描工具两类：

1）常用的端口扫描工具有 Super Scan、PortScan、Nmap。

2）常用的漏洞扫描工具有 Nmap、X－Scan、Nessus。

其中，Super Scan、PortScan 都是在 Windows 平台中运行的非常实用的端口扫描器，操作简便。

Nmap 是一个网络连接端扫描软件，也是常用的一个网络命令。Nmap 既可以扫描端口，也可以探测系统安全；既可以在 Windows 平台中运行，也可以在 Linux 平台中运行。Nmap 是网络管理员必用的软件之一。

X－Scan 是一个综合扫描器，可以扫描开放端口、弱口令、安全漏洞等。

Nessus 则是目前全世界最多人使用的系统漏洞扫描与分析软件。

3.2.2　扫描工具 SuperScan 的使用

SuperScan 实现端口扫描：SuperScan 不仅可以扫描局域网中 IP 地址的占用情况，而且还是功能强大的端口扫描工具。

SuperScan 的功能如下：

1）扫描局域网中 IP 地址的占用情况。

2）端口扫描，通过 Ping 来检验 IP 是否在线。

3）对 IP 进行域名转换，或将域名解析为对应的 IP 地址。

4）查询某一范围内计算机是否处于活跃状态。

5）各端口开放情况。

6）查询单个计算机是否在线。

7）查询某一个自定义范围内的端口开放情况。

它的安装非常简单，单击"下一步"按钮选择安装位置进行安装既可。SuperScan 界面如图 3-2 所示。

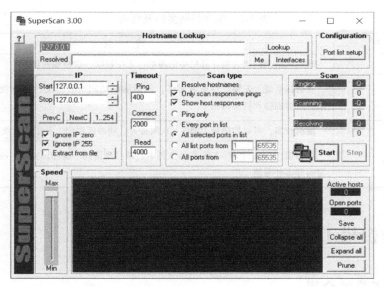

图 3-2　SuperScan 界面

在 SuperScan 界面中，要特别注意 Scan type 下面的选项，如表 3-3 所示。

表 3-3　Scan type 选项及含义

Scan type	含　义
Resolve hostnames	解析主机名字
Only scan responsive pings	只扫描有响应的连接
Show host responses	显示主机响应
Ping only	只 Ping，不扫描端口
Every port in list	扫描 Edit Port List 列表中的每一个端口
All selected ports in list	扫描列表中所有选中的端口（Edit Port List 列表中勾上绿色对号的那些端口）
All list ports from	扫描 Edit Port List 列表中从后面两个框中填写的开始到结束的端口号
All ports from	扫描所有的从后面两个框中填写的开始到结束的端口号，不仅是 Edit Port List 列表中的

对于同一个目标，每个选项对应的扫描结果是不同的。按照每个选项的含义，根据扫描的需求，选择对应的选项。例如，扫描列表中所有选中的端口，也就是 Edit Port List 列表中勾上绿色对号的那些端口，只有少数几个端口勾上了绿色对号，如图 3-3 所示。因此扫描的范围仅限于这几个端口。所以在这种情况下，扫描结果仅是扫描这几个端口的开放情况，并不扫描其他端口。

下面通过具体的项目来学习它的使用（使用 SuperScan 扫描某一网段内活跃主机及指定目标主机的开放端口）。

项目需求：通过 SuperScan 软件扫描 192.168.1.1 ~ 192.168.1.254 网段内活跃的主机，并扫描 192.168.1.3 主机的开放端口。

具体包括两个任务：

任务 1：通过 SuperScan 软件扫描 192.168.1.1 ~ 192.168.1.254 网段内活跃的主机。

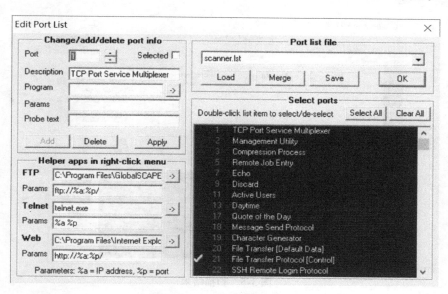

图 3-3　Edit Port List 列表

任务 2：扫描 192.168.1.3 主机的开放端口。

首先设置开始地址 192.168.1.1 和结束地址 192.168.1.254，如图 3-4 所示。

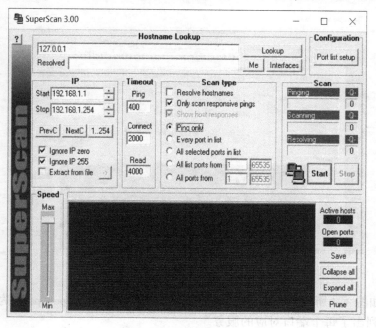

图 3-4　设置开始地址和结束地址

注意：要求是扫描本网段内活跃主机，不扫描端口，因此选中扫描类型 Ping only，单击"Start"按钮。

扫描结束后，可以看到扫描出的活跃主机的 IP 地址，如图 3-5 所示。可以在右侧看到 Active hosts 为 5、Open ports 为 0。

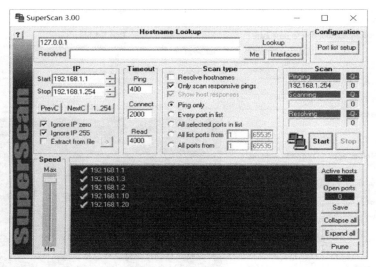

图 3-5　扫描结果

任务 2 是选取其中的 192.168.1.3 作为扫描目标，扫描开放端口，在开始地址和结束地址处均设置为 192.168.1.3，扫描类型选中 Every port in list，扫描 Edit Port List 列表中的每一个端口，如图 3-6 所示，单击 "Start" 按钮。

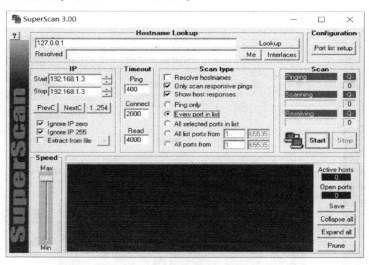

图 3-6　选中 Every port in list

扫描结果如图 3-7 所示，在右侧可以看到 Active hosts 为 1，Open ports 为 11。扫描到了 11 个端口，并列出了每个端口对应的服务。

通过 SuperScan 可以迅速扫描到目标地址的开放端口及服务。

3.2.3　扫描工具 Nmap 的使用

本节将介绍如何使用 Nmap 实现系统安全探测。

Nmap 是一个网络连接端扫描软件，也是常用的一个网络命令。Nmap 可以扫描网络上本地或远程主机，并解析出 IP；显示对应哪些服务在运行；并且推断出计算机运行哪个操

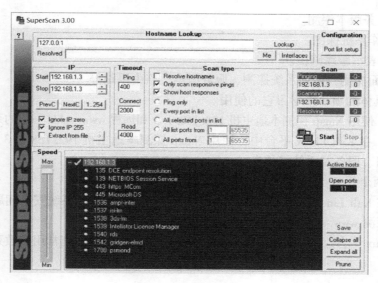

图 3-7 扫描结果

作系统。Nmap 可以在 Windows 平台中运行，也可以在 Linux 平台中运行。

它是网络管理员必用的软件之一，既可以用它来扫描漏洞，又可以探测安全，还可以评估网络系统安全。

Nmap 扫描中常用的主要参数及含义，如表 3-4 所示。

主机扫描：-sP 用于主机扫描，在指定网段内只进行 Ping 扫描（主机发现），并打印出对扫描做出响应的那些主机，不做出进一步的测试（如端口扫描或者操作系统探测）。

端口扫描：

-sT 是 TCP connect（ ）端口扫描，全连接 TCP 端口扫描，要建立三次握手连接。

表 3-4 常用参数及含义

端口状态	含义
open	开放的
closed	关闭的
filtered	被过滤的
unfiltered	未被过滤的
open/filtered	开放或者被过滤的
closed/filtered	关闭或者被过滤的

-sS 是 TCP SYN 端口扫描，半连接扫描，不建立三次握手连接。

-sU 是 UDP 端口扫描，不建立连接。

如表 3-4 所示，Nmap 的端口扫描结果有六种端口状态：

1）open 表示开放的端口。

2）closed 表示关闭的端口。

3）filtered 表示被过滤的端口。

4）unfiltered 表示未被过滤的端口。

5）open/filtered 表示开放或者被过滤的端口。

6）closed/filtered 表示关闭或者被过滤的端口。

Nmap 扫描使用的主要参数及含义：

-p 表示指定端口范围的端口扫描。

-sV 表示服务版本探测。

-O 表示操作系统探测。

-traceroute 表示跟踪路由。

-A 表示全面探测，包括系统探测、服务版本、路由跟踪等。

下面通过具体的项目来学习它的使用。

项目需求：使用 Nmap 探测本地主机 192.168.1.3 和远程 www.sohu.com 的系统安全问题。

具体要求：在 Kali Linux 平台中，使用 Nmap 探测本地主机 192.168.1.3 和 www.sohu.com 的开放端口、服务及系统等信息。

具体分为两个任务：

任务 1：在 Kali Linux 平台中，探测本地主机 192.168.1.3 的系统安全问题。

任务 2：探测 www.sohu.com 的系统安全问题。

在 Kali Linux 平台终端中输入 nmap，按"Enter"键后可以看到常用参数列表，如图 3-8 所示。

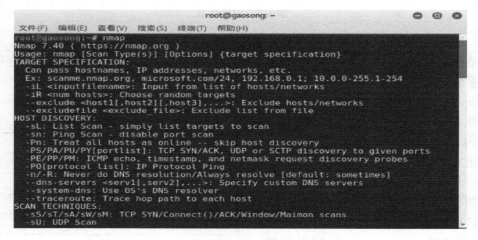

图 3-8　Nmap 参数

使用命令 nmap -sP 192.168.1.0/24，可以扫描指定的 192.168.1.0 网段内的活跃主机，一共扫描到五个 IP 地址，如图 3-9 所示。这与使用 SuperScan 扫描到的结果是一致的。

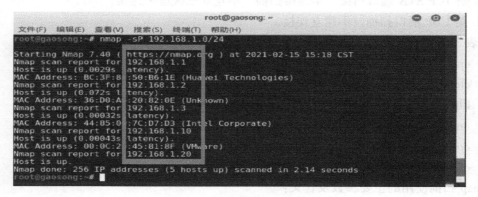

图 3-9　扫描到五个 IP 地址

使用命令 nmap -sT 192.168.1.3，对目标机 192.168.1.3 进行全连接 TCP 端口扫描，扫描到四个开放的 TCP 端口，并显示对应的服务，如图 3-10 所示。

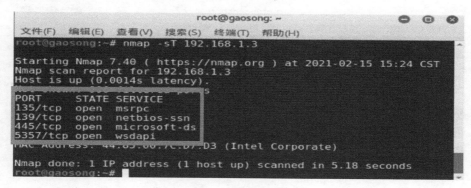

图 3-10　全连接扫描结果

使用命令 nmap -sS 192.168.1.3，对目标机 192.168.1.3 进行半连接 TCP 端口扫描，同样扫描到了四个开放的 TCP 端口，如图 3-11 所示。但从时间上来看，半连接扫描更快一些。

图 3-11　半连接扫描结果

使用命令 nmap -sU 192.168.1.3，对目标机 192.168.1.3 进行 UDP 端口扫描，探测到了一个开放的 UDP 端口，如图 3-12 所示。

图 3-12　UDP 端口扫描结果

使用命令 nmap -p 1-1000 192.168.1.3，在指定端口范围内对 192.168.1.3 进行端口扫描，探测到三个开放的 TCP 端口，如图 3-13 所示。

图 3-13　端口扫描结果

使用命令 nmap -sV 192.168.1.3，对目标机 192.168.1.3 进行服务版本扫描，扫描结果中多了一列探测出的服务版本，如图 3-14 所示。

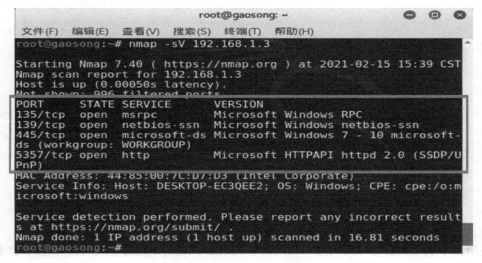

图 3-14　服务版本扫描结果

使用命令 nmap -O 192.168.1.3，对目标机 192.168.1.3 进行操作系统探测，探测结果中列出了系统的可能版本及概率，如图 3-15 所示。

使用命令 nmap -A 192.168.1.3，对目标机 192.168.1.3 进行全面探测，探测到开放端口、服务、操作系统、跟踪路由等多项信息，如图 3-16 所示。

通过 Nmap 和相关参数的使用，可从多个方面探测 192.168.1.3 的安全性问题。

对于 www.sohu.com 的安全探测，使用参数与任务 1 中是一样的，不再一一介绍。

在此只介绍使用 nmap -traceroute www.sohu.com 跟踪路由探测，探测结果中可以看出 www.sohu.com 的 IP 地址、开放端口及关闭端口、跟踪到的路由等信息，如图 3-17 所示。

对于 SuperScan 要根据扫描的需要正确地选择扫描类型，对于 Nmap 要使用正确的参数去探测系统的安全性。

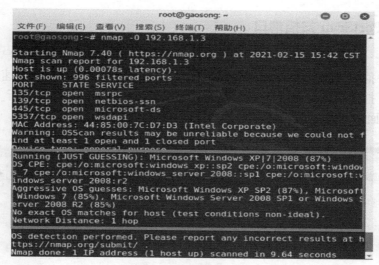

图 3-15 操作系统探测

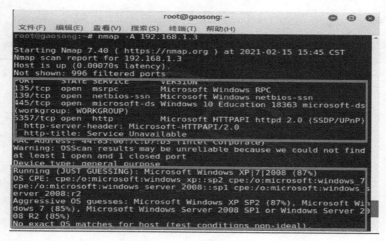

图 3-16 全面探测结果

图 3-17 跟踪路由探测结果

3.2.4　使用 PortScan 扫描端口

PortScan 是一款专业的局域网端口扫描器，这个端口扫描器可以帮助用户扫描目的主机的开放端口，并猜测目的主机的操作系统。PortScan 的功能包括快速扫描、速度可调节、开放端口及服务、扫描结果可存储为 XML 类型、路由跟踪速度测试、域名解析。

PortScan 界面如图 3-18 所示。

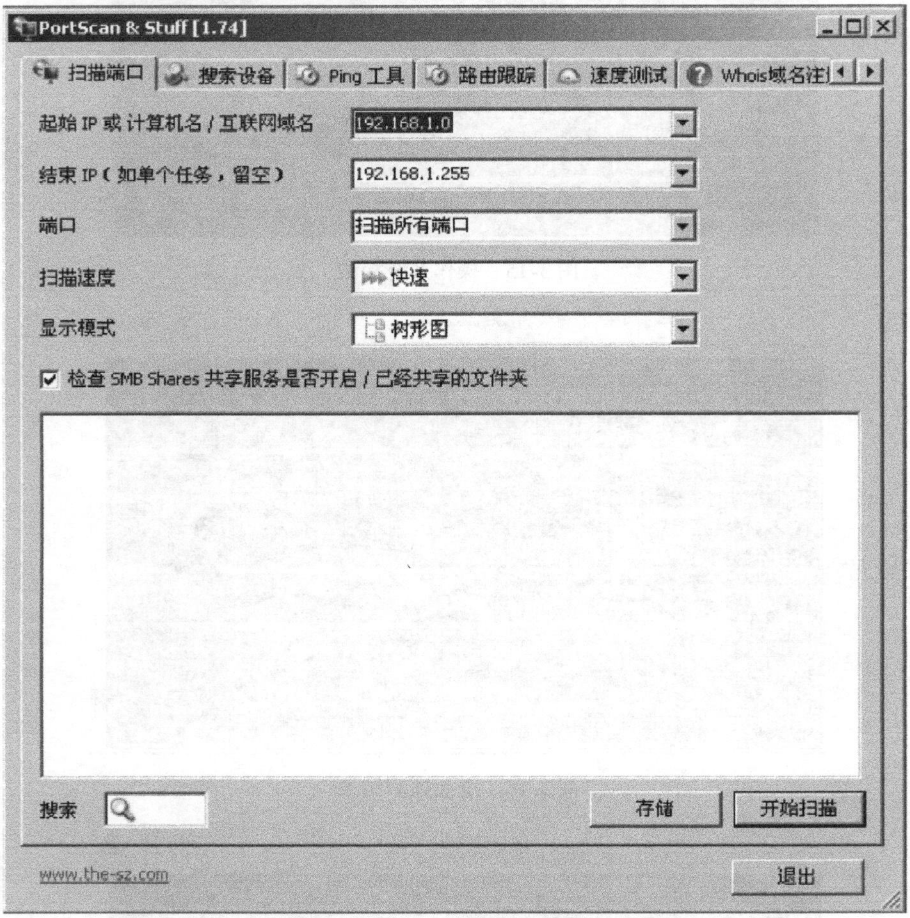

图 3-18　PortScan 界面

项目需求：使用 PortScan 扫描某一网段内活跃主机及指定目标主机的开放端口。

具体要求：通过 PortScan 软件扫描 192.168.1.1 ~ 192.168.1.40 网段内活跃主机的开放端口，并扫描 192.168.1.3 主机的开放端口。

任务 1：扫描 192.168.1.1 ~ 192.168.1.40 网段内活跃主机。

任务 2：扫描 192.168.1.3 主机的开放端口。

任务 1 实施：设置网段开始地址 192.168.1.1 和结束地址 192.168.1.40，并选择扫描所有端口、快速扫描、树形图显示模式，如图 3-19 所示。

单击"开始扫描"按钮，扫描到网段内的活跃主机，如图 3-20 所示。

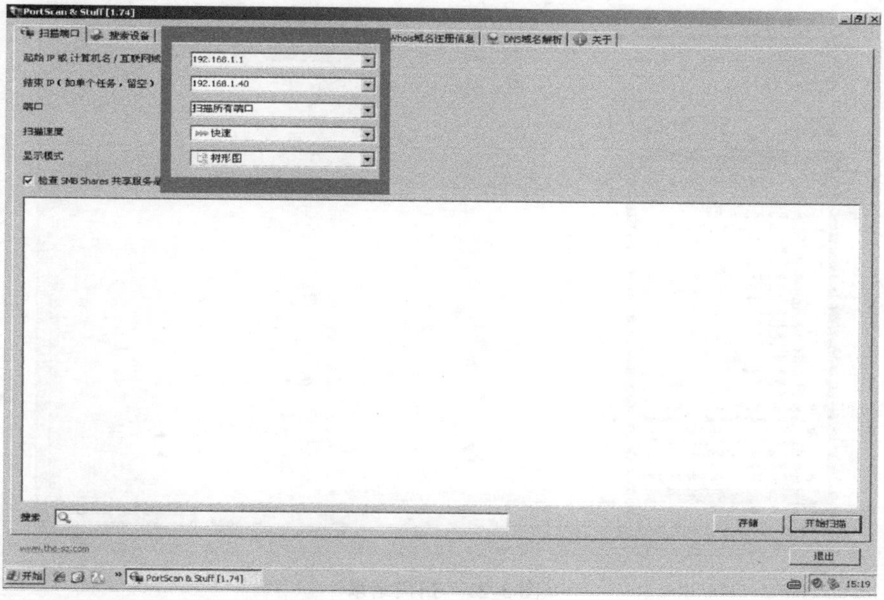

图 3-19　设置参数

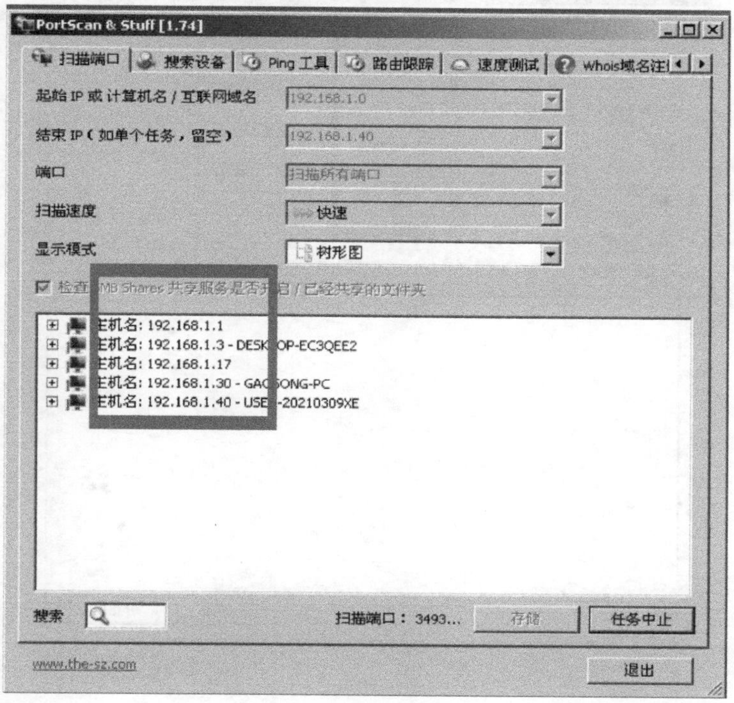

图 3-20　扫描结果

单击左侧的"＋"号，即可查看扫描到的网段内活跃主机的开放端口和服务，如图 3-21 所示。

任务 2 实施：设置指定目标主机的地址为 192.168.1.3，并选择扫描所有端口、快速扫描、树形图显示模式，如图 3-22 所示。

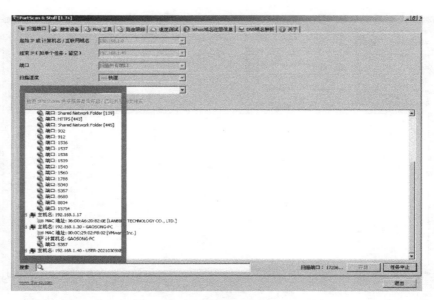

图 3-21　扫描结果

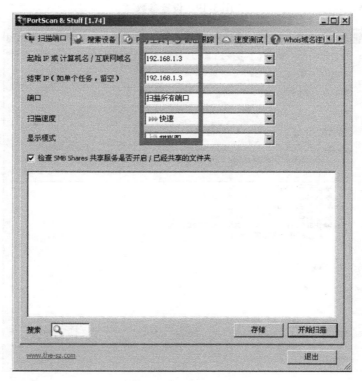

图 3-22　设置参数

单击"开始扫描"按钮，扫描到主机 192.168.1.3 的开放端口，如图 3-23 所示。

3.2.5　使用 X – Scan 扫描端口和漏洞

　　X – Scan 扫描器是国内著名的综合扫描器之一，完全免费，不需要安装，界面支持中文

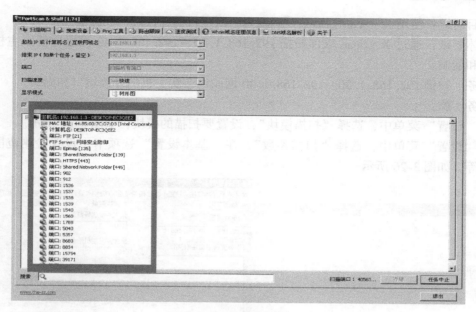

图 3-23 扫描到开放端口

和英文两种语言,包括图形界面和命令行方式。

X-Scan 的功能:采用多线程方式对指定 IP 地址段(或单机)进行安全漏洞检测、支持插件功能、提供图形界面和命令行两种操作方式。

X-Scan 的扫描模块:扫描远程操作系统类型及版本,标准端口状态及端口 Banner 信息,CGI 漏洞,IIS 漏洞,RPC 漏洞,SQL-Server、FTP-Server、SMTP-Server、POP3-Server、NT-Server 弱口令用户,NT 服务器 NetBios 信息等。

X-Scan 界面如图 3-24 所示。

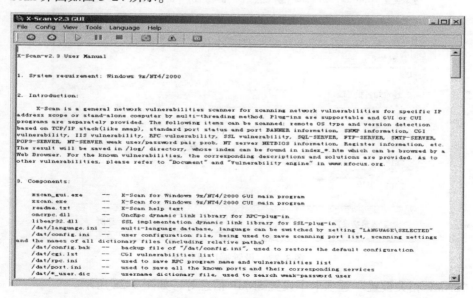

图 3-24 X-Scan 界面

项目需求：使用 X - Scan 扫描某—网段内活跃主机的开放端口和漏洞。

具体要求：通过 X - Scan 软件扫描 192.168.1.30 ~ 192.168.1.40 网段内活跃主机的开放端口和漏洞。

任务：扫描 192.168.1.30 ~ 192.168.1.40 网段内活跃主机的开放端口和漏洞。

任务实施：

在"设置"菜单中，选择"扫描模块"，设置要扫描的模块，如图 3-25 所示。

在"设置"菜单中，选择"扫描参数"，在"基本设置"选项卡中设置检测范围和线程数量等，如图 3-26 所示。

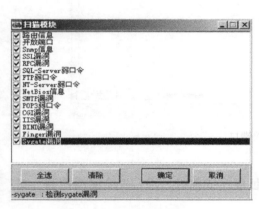

图 3-25　设置"扫描模块"

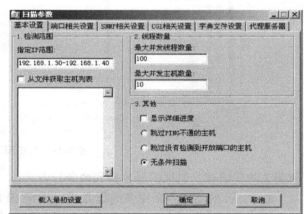

图 3-26　"基本设置"选项卡

在"端口相关设置"选项卡中设置待检测端口和检测方式等，如图 3-27 所示。

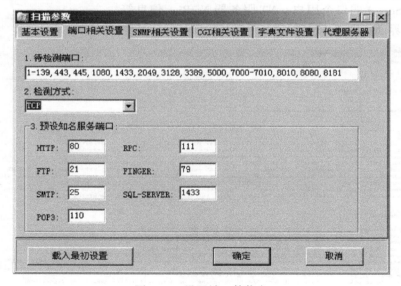

图 3-27　设置端口等信息

在"SNMP 相关设置"选项卡中设置 SNMP 信息等，如图 3-28 所示。

在"CGI 相关设置"选项卡中设置 CGI 编码方案等，如图 3-29 所示。

在"字典文件设置"选项卡中设置字典等，如图 3-30 所示。

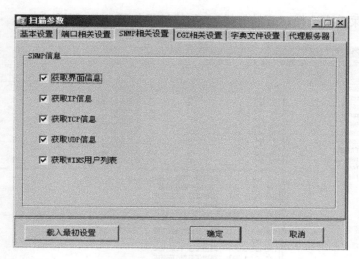

图 3-28　设置 SNMP 信息

图 3-29　设置 CGI

图 3-30　设置字典文件

45

在“文件”菜单中选择“开始扫描”，扫描结果如图3-31所示。

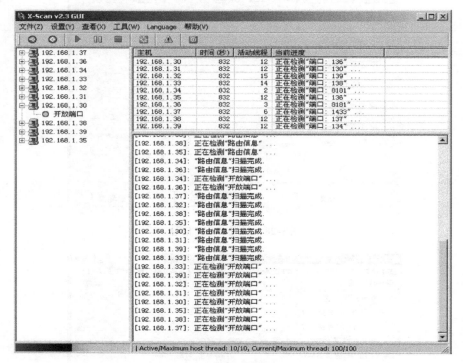

图3-31　扫描结果

3.3　本章实训

实训1：使用 SuperScan 工具扫描端口

1. 实验目的

1）掌握网络扫描原理。

2）掌握使用 SuperScan 软件扫描网段内活跃主机及开放端口。

2. 实验环境（可按自己的物理网段配置）

网段 192.168.1.1 ~ 192.168.1.30 内的主机，192.168.1.40 中安装 SuperScan 软件。

3. 实验内容

通过 SuperScan 软件扫描 192.168.1.1 ~ 192.168.1.30 网段内活跃主机，并扫描 192.168.1.3 主机的开放端口。

1）先在 192.168.1.40 中安装 SuperScan 软件。

2）开启 SuperScan 软件，设置开始地址 192.168.1.1 和结束地址 192.168.1.30。

3）选中扫描类型 Ping only，单击“start”按钮。

4）查看扫描结果。

5）在开始地址和结束地址处均设置为 192.168.1.3。

6）扫描类型选择 Every port in list，扫描 Edit Port List 列表中的每一个端口，单击"start"按钮。

7）查看扫描结果，Active hosts 为（   ），Open ports 为（   ）。

实训 2：使用 Nmap 工具探测端口及安全性

1. 实验目的

1）掌握网络扫描原理。

2）掌握使用 Nmap 软件扫描网段内活跃主机及开放端口。

2. 实验环境（可按自己的物理网段配置）

192.168.1.1 ~ 192.168.1.254 网段，Windows 系统。

192.168.1.30 的主机，Kali Linux 平台，安装 Nmap 软件。

3. 实验内容

在 Kali Linux 平台中使用 Nmap 探测本地主机 192.168.1.3 和远程 www.sohu.com 的系统安全问题。

1）安装 Nmap 软件，在 Kali Linux 平台终端中输入 nmap，按"Enter"键后可以看到常用参数列表。

2）使用命令 nmap - sP 192.168.1.0/24，可以扫描指定的 192.168.1.0/24 网段内的活跃主机。

3）使用命令 nmap - sT 192.168.1.3，对目标机 192.168.1.3 进行全连接 TCP 端口扫描。

4）使用命令 nmap - sS 192.168.1.3，对目标机 192.168.1.3 进行半连接 TCP 端口扫描。

5）使用命令 nmap - sU 192.168.1.3，对目标机 192.168.1.3 进行 UDP 端口扫描。

6）使用命令 nmap - p1-1000 192.168.1.3，在指定端口范围内对 192.168.1.3 进行端口扫描。

7）使用命令 nmap - sV 192.168.1.3，对目标机 192.168.1.3 进行服务版本扫描。

8）使用命令 nmap - O 192.168.1.3，对目标机 192.168.1.3 进行操作系统探测。

9）使用命令 nmap - A 192.168.1.3，对目标机 192.168.1.3 进行全面探测。

10）使用命令 nmap - traceroute   www.sohu.com 跟踪路由探测。

实训 3：使用 PortScan 工具扫描端口

1. 实验目的

1）掌握网络扫描原理。

2）掌握使用 PortScan 软件扫描网段内活跃主机及开放端口。

2. 实验环境（可按自己的物理网段配置）

网段 192.168.1.1 ~ 192.168.1.30 内的主机，192.168.1.40 中安装 PortScan 软件。

3. 实验内容

通过 PortScan 软件扫描 192.168.1.1 ~ 192.168.1.30 网段内活跃主机，并扫描 192.168.1.3 主机的开放端口。

1）设置网段开始地址 192.168.1.1 和结束地址 192.168.1.30，并选择扫描所有端口、快速扫描、树形图显示模式。

2）单击"开始扫描"按钮，扫描网段内的活跃主机。

3）单击左侧的"＋"号，查看扫描到的网段内活跃主机的开放端口和服务。

4）设置指定目标主机的地址 192.168.1.3，并选择扫描所有端口、快速扫描、树形图显示模式。

5）单击"开始扫描"按钮，查看扫描到主机 192.168.1.3 的开放端口。

实训 4：使用 X - Scan 工具扫描端口

1. 实验目的

1）掌握网络扫描原理。

2）掌握使用 X - Scan 软件扫描网段内活跃主机的开放端口和漏洞。

2. 实验环境（可按自己的物理网段配置）

网段 192.168.1.1 ～ 192.168.1.30 内的主机，192.168.1.40 中安装 X - Scan 软件。

3. 实验内容

通过 X - Scan 软件扫描 192.168.1.1 ～ 192.168.1.30 网段内活跃主机的开放端口和漏洞。

1）在"设置"菜单中，选择"扫描模块"，设置要扫描的模块。

2）在"设置"菜单中，选择"扫描参数"，在"基本设置"选项卡中设置检测范围和线程数量等。

3）在"端口相关设置"选项卡中设置待检测端口和检测方式等。

4）在"SNMP 相关设置"选项卡中设置 SNMP 信息等。

5）在"CGI 相关设置"选项卡中设置 CGI 编码方案等。

6）在"字典文件设置"选项卡中设置字典等。

7）在"文件"菜单中选择"开始扫描"。

8）查看扫描结果。

【习　题】

1. 单选题

1）网络扫描工具（　　　）。

A. 只能作为攻击工具

B. 只能作为防范工具

C. 既可以作为攻击工具，也可以作为防范工具

D. 不能用于网络攻击

2）Nmap 进行服务版本探测的参数是（　　　）。

A. -sT　　　　　　　B. -sS　　　　　　　C. -sP　　　　　　　D. -sV

3）Nmap 全连接端口扫描使用的参数是（　　　）。

A. -sP　　　　　　　B. -sT　　　　　　　C. -sS　　　　　　　D. -sU

4）（　　　）是漏洞扫描软件。

A. Lansee　　　　　B. PortScan　　　　　C. X - Scan　　　　　D. Wireshark

5）HTTPS 使用的端口是（　　）。

A. 445　　　　　　　　B. 443　　　　　　　　C. 135　　　　　　　　D. 139

6）攻击者通过对目标主机进行端口扫描，可以直接获得（　　）。

A. 目标主机的口令

B. 给目标主机种植木马

C. 目标主机使用了什么操作系统

D. 目标主机开放了哪些端口服务

7）下面端口扫描技术中，（　　）是全开放扫描。

A. TCP connect（）扫描　　　　　　B. TCP SYN 扫描

C. TCP FIN 扫描　　　　　　　　　　D. UDP 扫描

8）21 端口通常分配给（　　）服务。

A. HTTP　　　　　　B. FTP　　　　　　C. SMTP　　　　　　D. HTTPS

9）在 SuperScan 工具中，Scan type 类型中，（　　）可以设置扫描 Edit Port List 中所有端口。

A. Ping only　　　　　　　　　　　　B. Every port in list

C. All selected ports in list　　　　　　D. All ports from... to...

10）Nmap 探测操作系统使用的参数是（　　）。

A. -A　　　　　　　　B. -O　　　　　　　　C. -V　　　　　　　　D. -P

2. 多选题

1）PortScan 有（　　）功能。

A. 扫描开放端口　　B. 路由跟踪　　　　C. 速度测试　　　　D. 域名解析

2）X - Scan 扫描器能扫描（　　）。

A. IIS 漏洞　　　　　　　　　　　　　B. CGI 漏洞

C. RPC 漏洞　　　　　　　　　　　　D. NT - Server 弱口令用户

Chapter

第4章

ARP 欺骗

1. 掌握 ARP 定义及工作原理
2. 掌握 ARP 欺骗原理和类型
3. 掌握 arpspoof 实现 ARP 仿冒网关攻击的过程
4. 掌握 cain 实现 ARP "中间人" 攻击的过程
5. 掌握 ARP 欺骗防范方法

随着互联网的蓬勃发展，网络安全的战场已经从互联网蔓延到用户内部网络特别是局域网，因为重要的应用服务器都是放置在局域网，如果局域网受到冲击，给用户带来的损失无疑是巨大的。

局域网安全问题最大威胁就是地址解析协议（Address Resolution Protocol，ARP）类问题。从 ARP 问题的本质可以把 ARP 问题分成两类：

1）ARP 欺骗：使整个网络的 ARP 紊乱，严重时所有内部 PC 无法上网。

2）ARP 洪水：通过短时间内发送大量 ARP 请求，所有 PC 和网络设备的利用率上升，上网缓慢。

在局域网上网，有时会遇到网速变得非常慢、计算机网络出现频繁断线、计算机连接正常却无法打开网页的情况，最可能的原因就是 ARP 欺骗攻击，如图 4-1 所示。

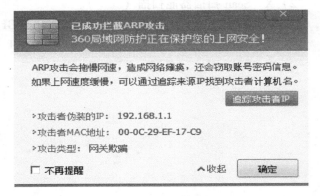

图 4-1　ARP 欺骗

4.1　ARP 欺骗概述

4.1.1　ARP 定义

ARP 的作用是什么？为何 ARP 问题会如此严重？ARP 在局域网特别是以太网中的作用就是查询 IP 地址和 MAC 地址的映射。ARP 是个很古老的协议，当时的网络带宽小，很多协议都设计得特别经济，甚至忽略了必要的结果验证，希望以此减少发送量来节约带宽，由此也带来了漏洞，为现今日益猖獗的 ARP 欺骗埋下了隐患。

　　ARP 的全称是地址解析协议，其作用是动态地将 IP 地址解析为 MAC 地址。ARP 可以说是 TCP/IP 协议栈中"最不安全的协议"，既然 ARP 不安全，为什么要使用它呢？在以太网中，如果主机 A 需要向主机 B 发送数据，在发送前必须先解决一个问题——主机 A 怎么才能知道主机 B 的"位置"呢？有人说用 IP 地址，但是在以太网环境中，数据的传输所依赖的是 MAC 地址而非 IP 地址，因为 IP 数据报文必须封装成帧才能通过物理网络发送，因此发送方还必须有接收方的物理地址。而将 IP 地址转换为 MAC 地址的工作就是由 ARP 来完成的。

　　每台主机或路由器都维护着一个 ARP 缓存表，如图 4-2 所示。这个表包含 IP 地址到 MAC 地址的映射关系，表中记录了 < IP 地址，MAC 地址 > 对，称之为 ARP 表项，它们是主机最近运行时获得的关于其他主机的 IP 地址到 MAC 地址的映射，当需要发送数据时，主机就会根据数据包中的目标 IP 地址，在 ARP 缓存表中查找对应的 MAC 地址，最后通过网卡将数据发送出去。ARP

```
C:\Users\qiaom>arp -a

接口: 192.168.101.1 --- 0x3
  Internet 地址          物理地址              类型
  192.168.101.254       00-50-56-f3-89-9b     动态
  192.168.101.255       ff-ff-ff-ff-ff-ff     静态
  224.0.0.2             01-00-5e-00-00-02     静态
  224.0.0.22            01-00-5e-00-00-16     静态
  224.0.0.251           01-00-5e-00-00-fb     静态
  224.0.0.252           01-00-5e-00-00-fc     静态
  239.11.20.1           01-00-5e-0b-14-01     静态
  239.255.255.250       01-00-5e-7f-ff-fa     静态
  255.255.255.255       ff-ff-ff-ff-ff-ff     静态
```

图 4-2　ARP 缓存表

缓存表还包含一个 TTL 值，它将记录每个 ARP 表项的生存时间，生存时间到了就会从缓存表中删除，所以 ARP 缓存表是动态变化的。

　　ARP 报文分为 ARP 请求和 ARP 应答报文，报文格式如图 4-3 所示。

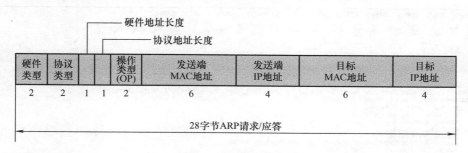

图 4-3　ARP 报文格式

　　硬件类型：表示硬件地址的类型。它的值为 1 表示以太网地址。

　　协议类型：表示要映射的协议地址类型。它的值为 0x0800 表示 IP 地址。

　　硬件地址长度和协议地址长度：它们分别指出硬件地址和协议地址的长度，以字节（B）为单位。对于以太网上 IP 地址的 ARP 请求或应答来说，它们的值分别为 6 和 4。

　　操作类型（OP）：1 表示 ARP 请求，2 表示 ARP 应答。

　　发送端 MAC 地址：发送方设备的硬件地址。

　　发送端 IP 地址：发送方设备的 IP 地址。

　　目标 MAC 地址：接收方设备的硬件地址。

　　目标 IP 地址：接收方设备的 IP 地址。

4.1.2 ARP 工作原理

如果主机 A 需要向主机 B 发送消息，而 A 的 ARP 缓存表中没有 B 的表项，那么如何发送消息呢？ARP 工作原理如图 4-4 所示。

A 首先检查自己的 ARP 缓存表，看是否有 B 的信息；若没找到，则发送 ARP 广播请求，并附带自身信息；B 收到 ARP 广播请求后，先将 A 的信息加入自己的缓存表；然后 B 回应 A 一个 ARP 应答包；A 收到 B 的回应后，将 B 的信息加入自己的 ARP 缓存表；之后 A 就可以使用缓存表中的信息向 B 发送消息了。

图 4-5 是 ARP 请求包，这是一个 192.168.1.105 发送的广播请求包，操作类型为 request，请求内容为 "who has 192.168.1.66 Tell 192.168.1.105"。

图 4-6 是收到请求包之后，192.168.1.66 回复的应答包，操作类型为 reply，回复内容为 "192.168.1.66 is at 00:0c:29:a5:89:58"，即给出了 192.168.1.66 的 IP 地址和 MAC 地址的对应关系，这样 192.168.1.105 就会将此对应关系加入自己的 ARP 表项中。

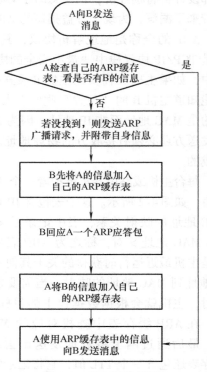

图 4-4 ARP 工作原理

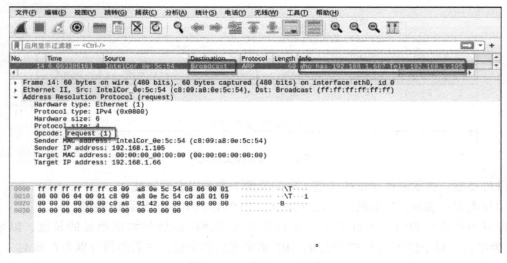

图 4-5 ARP 请求包

设备通过 ARP 解析到目的 MAC 地址后，将会在自己的 ARP 表中增加 IP 地址和 MAC 地址映射关系的表项，以用于后续到同一目的地报文的转发。

ARP 表项分为动态 ARP 表项、静态 ARP 表项。

（1）动态 ARP 表项　动态 ARP 表项由 ARP 通过 ARP 报文自动生成和维护，可以被老

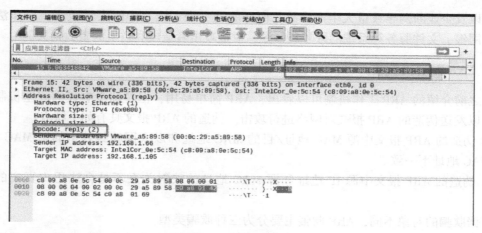

图 4-6　ARP 应答包

化，也可以被新的 ARP 报文更新，还可以被静态 ARP 表项覆盖。当到达老化时间、接口状态为 down 时，系统会删除相应的动态 ARP 表项。

（2）静态 ARP 表项　静态 ARP 表项通过手工配置和维护，不会被老化，也不会被动态 ARP 表项覆盖。配置静态 ARP 表项可以增加通信的安全性。静态 ARP 表项可以限制和指定 IP 地址的设备通信时只使用指定的 MAC 地址，此时攻击报文无法修改此表项的 IP 地址和 MAC 地址的映射关系，从而保护了本设备和指定设备间的正常通信。

ARP 有简单易用的优点，但是也因为其没有任何安全机制而容易被攻击发起者利用。攻击者可以仿冒用户、仿冒网关发送伪造的 ARP 报文，使网关或主机的 ARP 表项不正确，从而对网络进行攻击。攻击者通过向设备发送大量目标 IP 地址不能解析的 IP 报文，使得设备试图反复地对目标 IP 地址进行解析，导致 CPU 负荷过重及网络流量过大。攻击者向设备发送大量的 ARP 报文，对设备的 CPU 形成冲击。

4.1.3　ARP 欺骗原理

ARP 欺骗攻击利用网络协议设计上的缺陷，即任何人可以发送虚假的 ARP 报文，而终端和网络设备并不会判断 ARP 报文的真伪，全部接受、存储，并以此作为报文转发的依据。

ARP 是建立在信任局域网内所有节点的基础上的。它是一种无状态的协议，不检查是否发过请求或是否是合法的应答，不只在发送请求后才接收应答，所以只要收到目标 MAC 地址是自己的 ARP 请求包或 ARP 应答包，就接受并存入缓存。这样就为 ARP 欺骗提供了可能，恶意节点可以发布虚假的 ARP 报文，从而影响网内节点的通信，甚至可以做"中间人"。

ARP 欺骗的根源在于 ARP 应答处理机制，在 ARP 中规定，对于任何 ARP 应答都给予信任，没有主动被动确认机制（主动 ARP 指的是在主动发送 ARP 请求后在指定时间内收到 ARP 应答，在请求指定时间外学习的 ARP 应答都是被动的），因此为伪造 ARP 应答提供了可乘之机。

ARP 欺骗又称 ARP 毒化或 ARP 攻击，是针对以太网地址解析协议的一种攻击技术。通过欺骗局域网内访问者的网关 MAC 地址，访问者错以为攻击者更改后的 MAC 地址是网关的 MAC 地址，导致网络不通。

ARP 攻击可让攻击者获取局域网上的数据包，甚至可以篡改数据包，且可让网络上特定计算机或所有计算机无法正常上网。ARP 欺骗攻击不仅会造成网络不稳定、引发用户无法上网以及企业断网导致重大生产事故，而且能进一步实施"中间人"攻击，以非法获取游戏、网银、文件服务等系统的账号和口令，对被攻击者造成利益上的重大损失。

4.1.4 ARP 欺骗类型

从之前介绍的 ARP 工作机制可以看出，ARP 简单易用，但是却没有任何安全机制，攻击者可以发送伪造的 ARP 报文对网络进行攻击。伪造的 ARP 报文具有如下特点：

① 伪造的 ARP 报文中源 MAC 地址/目的 MAC 地址和以太网帧封装中的源 MAC 地址/目的 MAC 地址不一致。

② 伪造的 ARP 报文中源 IP 地址和源 MAC 地址的映射关系不是合法用户真实的映射关系。

根据欺骗的对象不同，ARP 欺骗主要分为三种欺骗类型：

（1）ARP 欺骗网关攻击　攻击者首先伪造 ARP 数据包，伪造数据包的源 IP 地址为某台合法用户的 IP 地址，源 MAC 地址为伪造的 MAC 地址，发送伪造的 ARP 数据包给网关，使网关更新自己的 ARP 表中用户的 IP 地址与 MAC 地址的对应关系。这样网关发送给该用户的所有数据全部重定向到一个错误的 MAC 地址，导致该合法用户无法正常与网关通信。如图 4-7 所示，攻击者 B 伪造 ARP 数据包（IP 地址为 A 的 IP 地址、MAC 地址为 B 的 MAC 地址），网关收到该数据包后就会更新自己的缓存表，这样网关发送给主机 A 的数据包实际上都发送给攻击者 B，A 将无法正常上网。

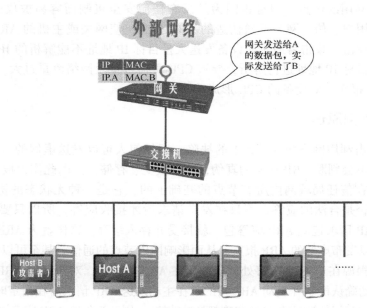

图 4-7　ARP 欺骗网关攻击

（2）ARP 仿冒网关攻击　仿冒网关攻击的现象表现为：在同一局域网中，有一部分主机被攻击无法上网，重启被攻击的主机后恢复正常，但是过一段时间后网络又中断。如图 4-8所示，攻击者 B 伪造 ARP 数据包（IP 地址为网关的 IP 地址、MAC 地址为 B 的 MAC 地址），A 收到该数据包后就会更新自己的缓存表，这样 A 发给网关的数据包实际上都会发送给攻击者 B，A 将无法正常上网。

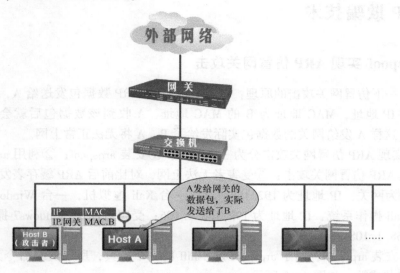

图 4-8　ARP 仿冒网关攻击

（3）ARP "中间人" 攻击　如果以上两种欺骗同时发生，会如何呢？实际上，就会发生 ARP "中间人" 攻击。如果有恶意攻击者 B 想探听 A 和网关之间的通信，它可以分别给 A 和网关发送伪造的 ARP 应答报文，使 A 和网关用 B 的 MAC 地址更新自己的 ARP 缓存表中与对方 IP 地址相对应的表项。此后，A 和网关之间看似 "直接" 的通信，实际上都是通过攻击者 B 间接进行的，即攻击者 B 担当了 "中间人" 的角色，可以对信息进行窃取和篡改，如图 4-9 所示。

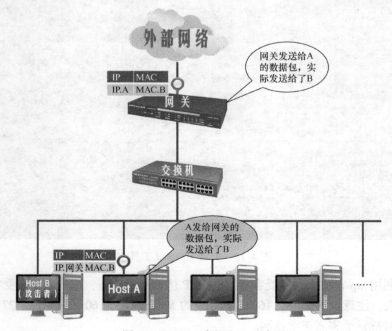

图 4-9　ARP "中间人" 攻击

4.2　ARP 欺骗技术

4.2.1　arpspoof 实现 ARP 仿冒网关攻击

首先回顾一下仿冒网关攻击的原理：攻击者 B 伪造 ARP 数据包发送给 A，数据包中 IP 地址为网关的 IP 地址，MAC 地址为 B 的 MAC 地址，A 收到该数据包后就会更新自己的 ARP 缓存表，这样 A 发给网关的数据包实际发给了 B，A 将无法正常上网。

arpspoof 实现 ARP 仿冒网关攻击分为三个步骤：①安装 arpspoof；②利用 arpspoof 工具，对受害者发起 ARP 仿冒网关攻击；③受害者无法上网，对比前后 ARP 缓存表发生了变化。

实验环境为网关，IP 地址为 192.168.1.1，一台 Kali 虚拟机，一台 Windows7 虚拟机。攻击者使用 Kali 操作系统，IP 地址为 192.168.1.106；受害者使用 Windows7 操作系统，IP 地址为 192.168.1.108。

步骤一：安装 arpspoof，由于 arpspoof 是 dsniff 的一个工具，所以安装命令为 apt-get install dsniff，安装成功，如图 4-10 所示。

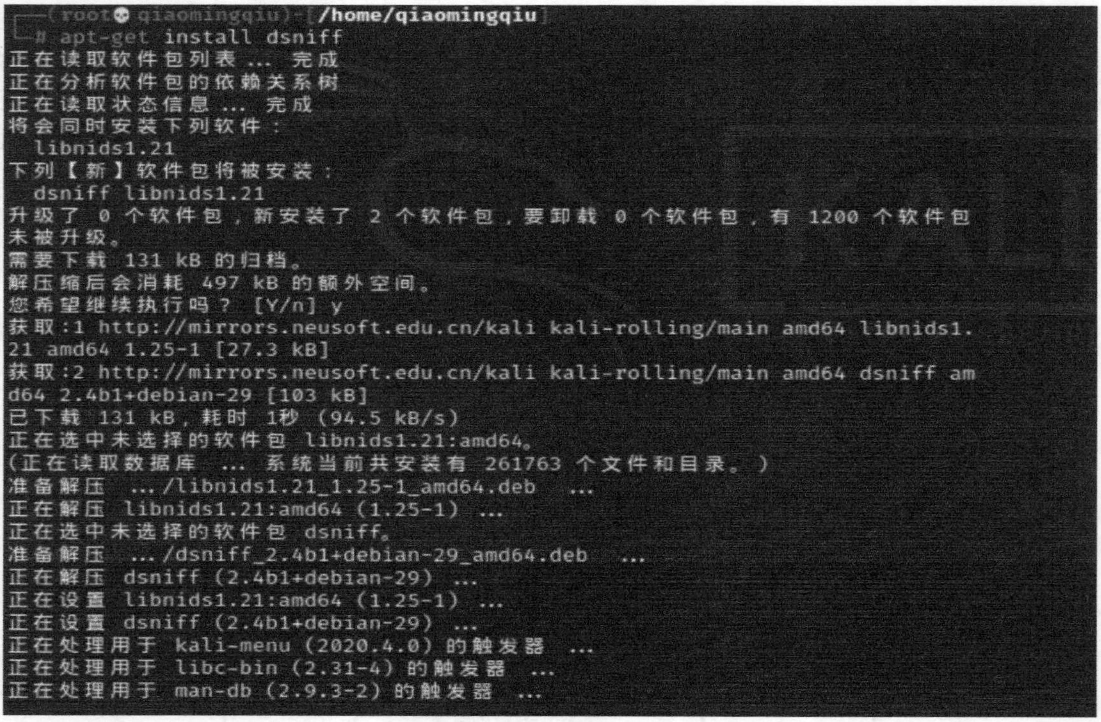

图 4-10　安装 arpspoof 工具

步骤二：利用 arpspoof 工具对受害者发起 ARP 仿冒网关攻击，攻击之前在受害者机器上查看正确的缓存表，注意：网关 192.168.1.1 对应的 MAC 地址为 60 - 3a - 7c - 27 - c1 - fb，如图 4-11 所示，并确认受害者正常连网。

攻击者输入命令 arpspoof - i eth0 - t 192.168.1.108 192.168.1.1，其中，- i 后面的参数

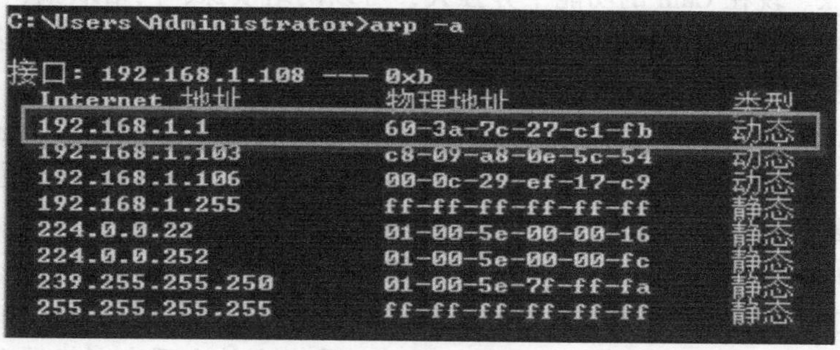

图 4-11　攻击前 ARP 缓存表

是网卡名称，−t 后面的参数是受害者和网关，此时已经对受害者发起 ARP 攻击，如图 4-12 所示。

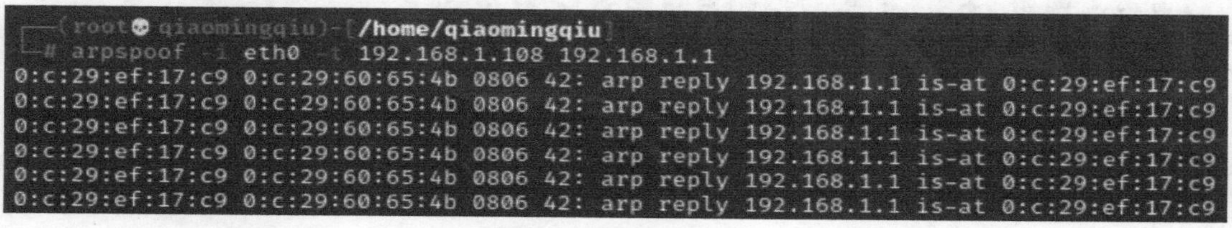

图 4-12　ARP 攻击

　　步骤三：现在受害者已经无法正常上网，再次查看受害者的缓存表，发现网关 192.168.1.1 对应的 MAC 地址已经发生了变化，变为 00−0c−29−ef−17−c9，这实际上是攻击者的 MAC 地址，即受害者把攻击者当成了网关，如图 4-13 所示。至此，完成了 ARP 仿冒网关攻击。

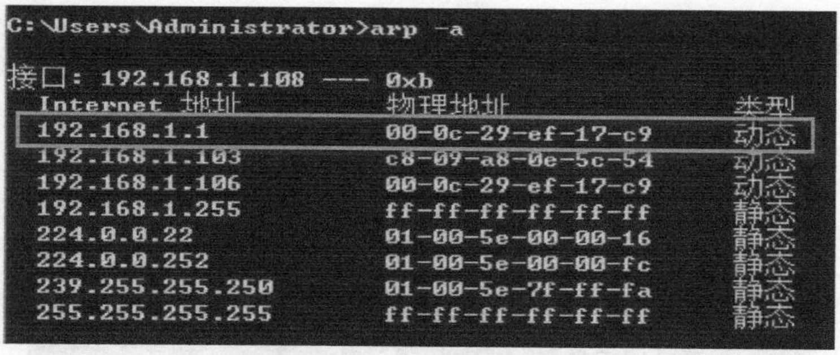

图 4-13　攻击后 ARP 缓存表

4.2.2　Cain 实现 ARP "中间人" 攻击

　　首先回顾一下"中间人"攻击的原理：攻击者 B 分别给 A 和网关发送伪造的 ARP 应答报文，使 A 和网关用 B 的 MAC 地址更新自己的 ARP 缓存表中与对方 IP 地址相对应的表项。此后，B 担当了"中间人"的角色，可以对信息进行窃取和篡改。

　　Cain 最开始开发的目的是开发一个针对微软操作系统的免费口令恢复工具，号称穷人使用的 Lophtcrack。现在 Cain 的功能十分强大，可以网络嗅探、网络欺骗、破解加密口令、解码被打乱的口令、显示口令框、显示缓存口令和分析路由协议，甚至还可以监听内网中他人使用 VOIP 拨打的电话内容。

Cain 实现 ARP "中间人" 攻击分为五个步骤：①安装 Cain；②使用 Cain 扫描局域网中的存活主机；③使用 Cain 对受害者和网关发起 ARP "中间人" 攻击；④受害者虽然能够上网，但是 ARP 缓存表发生了变化；⑤攻击者截获受害者上网数据包。

实验环境为网关，两台 Windows7 虚拟机。网关 IP 地址为 192.168.1.1，攻击者 IP 地址为 192.168.1.106，受害者 IP 地址为 192.168.1.108。

步骤一：安装 Cain，图 4-14 是安装后的界面，攻击之前在受害者机器上查看正确的缓存表，注意网关 192.168.1.1 对应的 MAC 地址为 60 – 3a – 7c – 27 – c1 – fb，如图 4-15 所示。

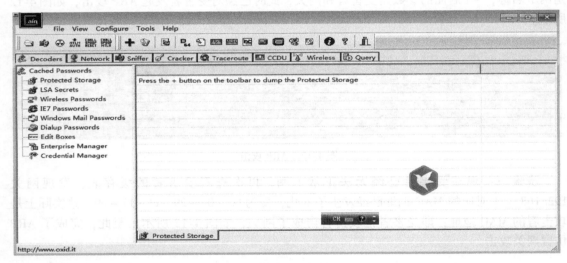

图 4-14　Cain 的界面

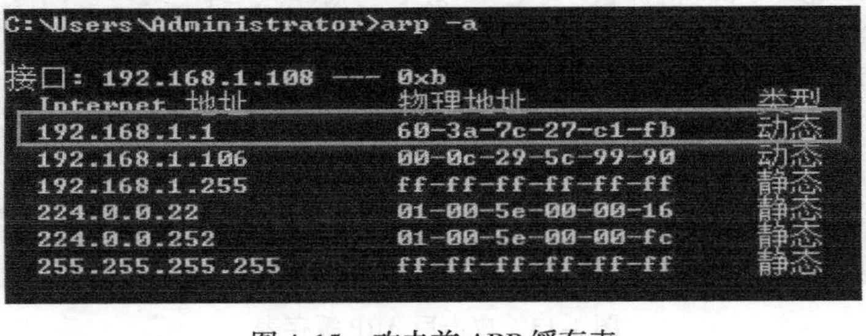

图 4-15　攻击前 ARP 缓存表

步骤二：单击 "网卡" 按钮，在 "Sniffer" 选项卡中，单击 " + " 号，扫描局域网中存活的主机，扫描完成，如图 4-16 所示。

步骤三：单击下面的 "ARP" 选项卡，添加欺骗的对象，左边为网关 192.168.1.1，右边为受害者 192.168.1.108，然后单击第三个欺骗按钮 "⊛" 进行欺骗，如图 4-17 所示。

步骤四：受害者依然可以上网，查看受害者的缓存表，发现网关 192.168.1.1 对应的 MAC 地址已经发生了变化，变为 00 – 0c – 29 – 5c – 99 – 90，这实际上是攻击者的 MAC 地

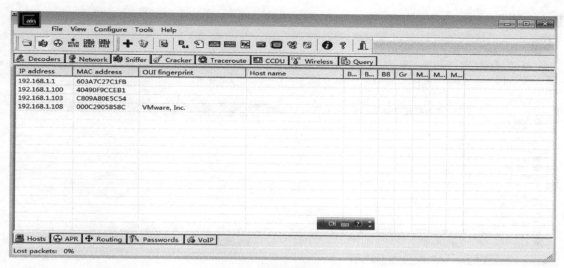

图 4-16　扫描局域网中存活主机

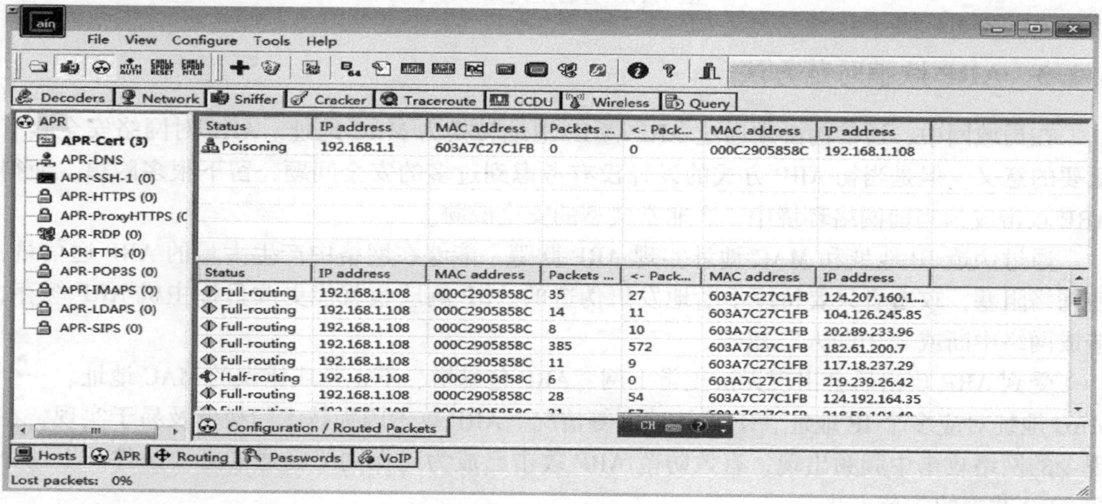

图 4-17　进行欺骗

址，如图 4-18 所示。此时网关中的缓存表也发生了变化。

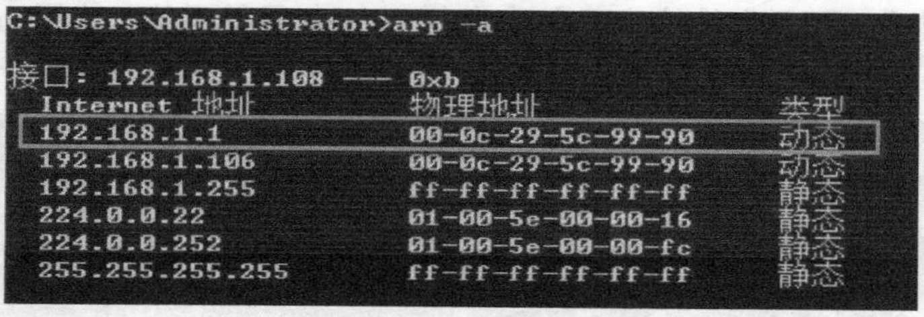

```
C:\Users\Administrator>arp -a

接口: 192.168.1.108 --- 0xb
  Internet 地址         物理地址              类型
  192.168.1.1          00-0c-29-5c-99-90    动态
  192.168.1.106        00-0c-29-5c-99-90    动态
  192.168.1.255        ff-ff-ff-ff-ff-ff    静态
  224.0.0.22           01-00-5e-00-00-16    静态
  224.0.0.252          01-00-5e-00-00-fc    静态
  255.255.255.255      ff-ff-ff-ff-ff-ff    静态
```

图 4-18　攻击后 arp 缓存表

　　步骤五：目前攻击者正在对受害者进行"中间人"攻击，受害者此时浏览网页，攻击者可以截获数据包，查看上网的账号口令，如图 4-19 所示。攻击者甚至可以对数据包进行篡改和转发。

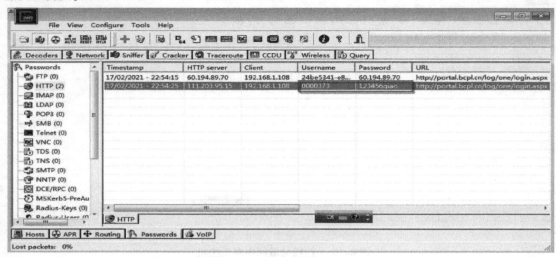

图 4-19　查看上网账号口令

4.2.3　ARP 欺骗防范方法

在局域网中，通信前必须通过 ARP 将 IP 地址转换为 MAC 地址。ARP 对网络安全具有重要的意义，但是当初 ARP 方式的设计没有考虑到过多的安全问题，留下很多隐患，使得 ARP 攻击成为当前网络环境中一个非常典型的安全威胁。

通过伪造 IP 地址和 MAC 地址实现 ARP 欺骗，能够在网络中产生大量的 ARP 通信量，使网络阻塞，攻击者只要持续不断地发出伪造的 ARP 响应包就能更改目标主机 ARP 缓存，造成网络中断或"中间人"攻击。

受到 ARP 攻击后会出现无法正常上网、ARP 包暴增、不正常或错误的 MAC 地址、一个 MAC 地址对应多个 IP 地址、IP 地址冲突等情况。ARP 攻击因为技术门槛低及易于实现，在现今的网络攻击中频频出现，有效防范 ARP 攻击已成为确保网络畅通的必要条件。下面介绍 ARP 欺骗的防范方法。

方法一：IP 地址和 MAC 地址静态绑定。ARP 表项分为动态 ARP 表项和静态 ARP 表项：动态 ARP 表项由 ARP 通过 ARP 报文自动生成和维护，会被新的 ARP 报文所更新；静态 ARP 表项需要通过手工配置和维护，不会被动态 ARP 表项所覆盖。使用 arp – s 命令将网关的 IP 地址和 MAC 地址进行静态绑定，如图 4-20 所示。

```
C:\Documents and Settings\sw>arp -d

C:\Documents and Settings\sw>arp -s 192.168.1.1 60-3a-7c-27-c1-fd

C:\Documents and Settings\sw>arp -a

Interface: 192.168.1.109 --- 0x2
  Internet Address        Physical Address        Type
  192.168.1.1             60-3a-7c-27-c1-fd        static
```

图 4-20　静态绑定

这种方法的缺点是计算机重启后 ARP 缓存表会清空，解决方法是可以编写一个批处理文件，并添加到"启动"栏中，这样每次开机后就会自动绑定，如图 4-21 所示。

方法二：使用 ARP 防火墙。比如安装 360 安全卫士后，在流量防火墙的局域网防护中，开启自动绑定网关、ARP 主动防御、IP 冲突拦截、对外ARP 攻击拦截等防护，如图 4-22 所示。

图 4-21　编写批处理文件

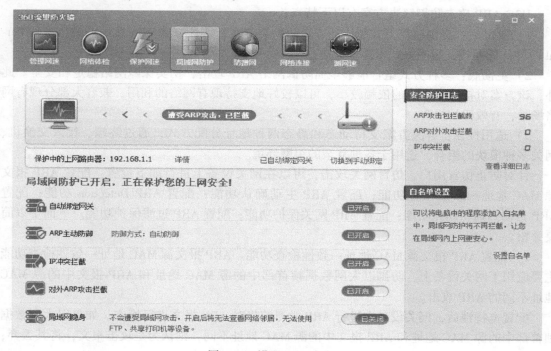

图 4-22　设置 ARP 防火墙

再次进行前面的攻击，攻击就会被拦截，如图 4-23 所示。

方法三：ARP 攻击防御解决方案。H3C ARP 攻击防御解决方案通过对客户端、接入交换机和网关三个控制点实施自上而下的"全面防御"，并且能够根据不同的网络环境和客户需求进行"模块定制"，为用户提供多样、灵活的 ARP 攻击防御解决方案。

H3C 提供两类 ARP 攻击防御解决方案：监控方式和认证方式。

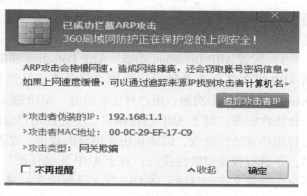

图 4-23　拦截 ARP 攻击

1）监控方式。监控方式也叫 DHCP Snooping 方式，它通过接人层交换机监控用户动态申请 IP 地址的全过程，记录用户的 IP 地址、MAC 地址和端口信息，并且在接入交换机上做多元素绑定，从而在根本上阻断非法 ARP 报文的传播。

2）认证方式。实现原理：认证方式是客户端通过认证协议登录网络，认证服务器识别客户端，并且将事先配置好的用户和网关的 IP/MAC 地址绑定信息下发给客户端、接入交换机或者网关，实现了 ARP 报文在客户端、接入交换机和网关的绑定，使得虚假的 ARP 报文在网络里无立足之地，从根本上防止 ARP 病毒泛滥。

另外，结合 H3C 独有的 iMC 智能管理中心，可以非常方便、直观地配置网关绑定信息，查看网络用户和设备的安全状况，不仅有效地保障了网络的整体安全，更能快速发现网络中不安全的主机和 ARP 攻击源，并迅速做出警告。

H3C ARP 攻击防御解决方案有以下特点：

1）更灵活：提供监控方式和认证方式两大类方案，认证方式支持 IEEE 802.1X 和 Portal 两种认证模式，组网方式多样、灵活。

2）更彻底：多种方式组合能够全面防御网络 ARP 攻击，切实保障网络稳定和安全。此外，该方案对接入交换机的依赖较小，可以较好地支持现有网络的利用，兼容大部分现有网络场景，有效保护投资。

3）适用性强：解决方案支持动态和静态两种地址分配方式，通过终端、接入交换机、网关多种模块的组合，适用于各种复杂的组网环境。

针对防止仿冒用户、仿冒网关攻击，可以在网关设备上进行如下设置：配置 ARP 报文源 MAC 地址一致性检查功能；配置 ARP 主动确认功能；配置 ARP Detection 功能；配置 ARP 自动扫描、固化功能；配置 ARP 网关保护功能；配置 ARP 过滤保护功能。下面予以简要介绍。

1）配置 ARP 报文源 MAC 地址一致性检查功能。ARP 报文源 MAC 地址一致性检查功能主要应用于网关设备上，防御以太网数据帧首部中的源 MAC 地址和 ARP 报文中的源 MAC 地址不同的 ARP 攻击。

配置本特性后，网关设备在进行 ARP 学习前将对 ARP 报文进行检查。如果以太网数据帧首部中的源 MAC 地址和 ARP 报文中的源 MAC 地址不同，则认为是攻击报文，将其丢弃；否则，继续进行 ARP 学习。

2）配置 ARP 主动确认功能。ARP 的主动确认功能主要应用于网关设备上，防止攻击者仿冒用户欺骗网关设备。启用 ARP 主动确认功能后，设备在新建或更新 ARP 表项前需进行主动确认，防止产生错误的 ARP 表项。

3）配置 ARP Detection 功能。ARP Detection 功能主要应用于接入设备上，对于合法用户的 ARP 报文进行正常转发，否则直接丢弃，从而防止仿冒用户、仿冒网关的攻击。ARP Detection包含三个功能：用户合法性检查、ARP 报文有效性检查、ARP 报文强制转发。①用户合法性检查：对于 ARP 信任端口，不进行用户合法性检查；对于 ARP 非信任端口，需要进行用户合法性检查，以防止仿冒用户的攻击。②ARP 报文有效性检查：对于 ARP 信任端口，不进行报文有效性检查；对于 ARP 非信任端口，需要根据配置对 MAC 地址和 IP 地址不合法的报文进行过滤。③ARP 报文强制转发：对于从 ARP 信任端口接收到的 ARP 报文不受此功能影响，按照正常流程进行转发。对于从 ARP 非信任端口接收到的、已经通过用户合法性检查的 ARP 报文的处理过程如下：对于 ARP 请求报文，通过信任端口进行转发；对于 ARP 应答报文，首先按照报文中的以太网目的 MAC 地址进行转发，若在 MAC 地址表中没有查到目的 MAC 地址对应的表项，则将此 ARP 应答报文通过信任端口进行转发。

4）配置 ARP 自动扫描、固化功能。ARP 自动扫描功能一般与 ARP 固化功能配合使用：启用 ARP 自动扫描功能后，设备会对局域网内的邻居自动进行扫描（向邻居发送 ARP 请求报文，获取邻居的 MAC 地址，从而建立动态 ARP 表项）；ARP 固化功能用来将当前的 ARP 动态表项（包括 ARP 自动扫描生成的动态 ARP 表项）转换为静态 ARP 表项。通过对动态 ARP 表项的固化，可以有效地防止攻击者修改 ARP 表项。

5）配置 ARP 网关保护功能。在不与网关相连的设备端口上配置此功能，可以防止伪造网关攻击。在端口配置此功能后，当端口收到 ARP 报文时，将检查 ARP 报文的源 IP 地址是否和配置的被保护网关的 IP 地址相同。如果相同，则认为此报文非法，将其丢弃；否则，认为此报文合法，继续进行后续处理。

6）配置 ARP 过滤保护功能。本功能用来限制端口允许通过的 ARP 报文，可以防止仿冒网关和仿冒用户的攻击。在端口配置此功能后，当端口收到 ARP 报文时，将检查 ARP 报文的源 IP 地址和源 MAC 地址是否和允许通过的 IP 地址和 MAC 地址相同：如果相同，则认为此报文合法，继续进行后续处理；如果不相同，则认为此报文非法，将其丢弃。

4.3　本章实训

实训 1：arpspoof 实现 ARP 仿冒网关攻击

1. 实验目的

1）掌握 ARP 欺骗原理。

2）掌握 arpspoof 实现 ARP 仿冒网关攻击的过程。

2. 实验环境（以自己的 IP 地址为准）

一台交换机；一台 Kali 虚拟机，并且安装 arpspoof，作为发动 ARP 欺骗攻击的主机；一台 Windows 虚拟机。

192.168.1.1 为交换机（网关）。

192.168.1.106 为发动 ARP 欺骗攻击的主机（1 号机）。

192.168.1.108 为局域网上某台主机（虚拟机或者同伴主机，2 号机，受害机）。

3. 实验内容

1）先在 2 号机上查看 ARP 缓存表，得到网关和 1 号机正常的物理地址。

2）在 1 号机上启动欺骗软件 arpspoof。

3）输入命令 arpspoof -i eth0 -t 192.168.1.108 192.168.1.1，其中，-i 后面的参数是网卡名称，-t 后面的参数是受害者和网关。

4）重新在 2 号机中查看 ARP 缓存表，发现 2 号机的 ARP 缓存表中网关的物理地址变成了_____，而这个地址恰恰是发动 ARP 欺骗的 1 号机的物理地址。

5）受害者 2 号机无法上网。

实训 2：Cain 实现 ARP "中间人" 攻击

1. 实验目的

1）掌握 ARP 欺骗原理。

2）掌握 Cain 实现局域网内的 ARP 欺骗。

2. 实验环境（以自己的 IP 地址为准）

一台交换机；一台主机，并且安装嗅探软件 Cain，作为发动 ARP 欺骗攻击的主机；一台虚拟机

192.168.1.1 为交换机（网关）。

192.168.1.106 为发动 ARP 欺骗攻击的主机（1 号机）。

192.168.1.108 为局域网上某台主机（虚拟机或者同伴主机，2 号机，受害机）。

3. 实验内容

1）先在 2 号机上查看 ARP 缓存表，得到网关和 1 号机正常的物理地址。

2）在 1 号机上启动嗅探软件 Cain。

3）运行 Cain，进行相关设置：单击 "Configure" 进行配置，选择要嗅探的网卡。

4）单击选择工具栏中的网卡图标，之后选择 "Sniffer" 选项卡，再选择左下角的 "Hosts" 右击，在弹出的快捷菜单中选择 "Scan MAC address"，单击 "OK" 按钮会自动扫描局域网中的存活主机，确认找到 2 号机和网关。

5）单击 "APR" 选项卡，再单击工具栏中的 "+" 号，添加欺骗的对象，左边选择网关，右边选择受害机，单击 "OK" 按钮，至此设置完毕。

6）单击工具栏中第三个图标 ☢，开始欺骗。

7）重新在 2 号机中查看 ARP 缓存表，发现 2 号机的 ARP 缓存表中网关的物理地址变成了_____，而这个地址恰恰是发动 ARP 欺骗的 1 号机的物理地址。

8）2 号机上网，登录邮箱、论坛等网页，1 号机通过 ARP 欺骗进行监听。

9）查看 1 号机监听到的 2 号机的上网数据，包括密码等，总结哪些密码是明文显示的。

【习　　题】

1. 选择题

1）ARP 攻击造成网络无法跨网段通信的原因是（　　）。

A. 发送大量 ARP 报文造成网络拥塞

B. 伪造网关 ARP 报文使得数据包无法发送到网关

C. ARP 攻击破坏了网络的物理连通性

D. ARP 攻击破坏了网关设备

2）在 Windows 操作系统中，对网关 IP 地址和 MAC 地址进行绑定的操作为（　　）。

A. ARP – a 192.168.0.1 00 – 0a – 03 – aa – 5d – ff

B. ARP – d 192.168.0.1 00 – 0a – 03 – aa – 5d – ff

C. ARP – s 192.168.0.1 00 – 0a – 03 – aa – 5d – ff

D. ARP – g 192.168.0.1 00 – 0a – 03 – aa – 5d – ff

3）ARP 欺骗可能导致的后果是（　　　）。

A. ARP 欺骗可以直接获得目标主机的控制权

B. ARP 欺骗可导致目标主机的系统崩溃，蓝屏重启

C. ARP 欺骗可导致目标主机无法访问网络

D. ARP 欺骗可导致目标主机死机

4）（　　　）是对抗 ARP 欺骗的有效手段。

A. 使用静态的 ARP 缓存

B. 在网络上阻止 ARP 报文的发送

C. 安装杀毒软件并更新到最新的病毒库

D. 使用 Linux 系统，提高安全性

5）下面关于 ARP 工作原理的描述，不正确的是（　　　）。

A. 通过 IP 地址查询对应的 MAC 地址

B. ARP 缓存中的数据是动态更新的

C. ARP 请求报文可以跨网段传输

D. ARP 是地址解析协议

6）在 Windows 操作系统中，查看本机 ARP 缓存表的命令为（　　　）。

A. arp – a　　　　　　B. arp – d　　　　　　C. arp – s　　　　　　D. arp – g

2. 判断题

1）以太网传输数据依赖的是 IP 地址，不是 MAC 地址。（　　　）

2）计算机只要收到目标 MAC 地址是自己的 ARP 请求包或 ARP 应答包，就接受并存入缓存。（　　　）

3）IP 地址和 MAC 地址静态绑定可以防范 ARP 欺骗。（　　　）

4）使用 ARP 防火墙可以防范 ARP 欺骗。（　　　）

5）ARP 的作用是动态地将 IP 地址解析为 MAC 地址。（　　　）

6）ARP 是一个安全的网络协议。（　　　）

Chapter

第 5 章

密 码 破 解

 学习目标

1. 了解典型的古典密码算法、现代密码算法和 Hash 函数
2. 掌握 LC7 破解操作系统密码方法
3. 掌握 WinZip 和 WinRAR 的加密和破解方法
4. 了解 PGP 加密的原理
5. 掌握 PGP 加密电子邮件的方法

加密技术是网络安全的基石。在早期，互联网通信直接以明文进行传输，几乎没有任何安全性可言，在发送数据到接收者手上时经过了若干个网络设备，在传输过程中数据可能被某些不怀好意的人截取，造成数据泄密甚至被修改。

美国国家标准与技术研究所（NIST）针对互联网数据安全，提出了几点要求：

1）数据保密性：确保数据具有保密性和隐私性；确保信息不被别人获取，个人存储的信息不能被别人收集到。

2）数据完整性：确保数据和程序只能以特定权限的形式进行授权和改变，只能授权之后才能改变或者被改变；确保系统以一种正常的方式执行预定的功能，不会因别人的介入改变方向。

3）可用性：工作迅速，可正常使用并获取到信息。

5.1 密码技术概述

5.1.1 古典密码算法

早在四千多年以前，在古埃及的尼罗河畔，一位擅长书写者在贵族的墓碑上书写铭文时，有意用加以变形的象形文字而不是普通的象形文字来撰写铭文，这是历史上记载的最早的密码形式。

1. 恺撒密码

最早将密码学概念运用于实际的人是恺撒大帝，他不相信负责他和他手下将领之间通信的传令官，因此发明了一种简单的加密算法把信件加密，后来被称之为"恺撒密码"。

加密方法是将明文中的每个字母用其后面的第三个字母代替，就变成了密文。例如，m

向后移动三位是 P，所以 m e e t a t t o n i g h t 的恺撒密码是 P H H W D W W R Q L J K W。以英文为例，恺撒密码的代替表如表 5-1 所示。

表 5-1　恺撒密码的代替表

明文	a	b	c	d	e	f	g	h	i	j	k	l	m
密文	D	E	F	G	H	I	J	K	L	M	N	O	P
明文	n	o	p	q	r	s	t	u	v	w	x	y	z
密文	Q	R	S	T	U	V	W	X	Y	Z	A	B	C

2. 双轨密码

千百年来，人们运用自己的智慧创造出形形色色的加密方法。在美国南北战争时期，军队中曾经使用过"双轨"式密码，加密时先将明文写成双轨的形式，比如将 attack at six 一上一下写成两行：

$$a \quad t \quad c \quad a \quad s \quad x$$
$$t \quad a \quad k \quad t \quad i$$

然后按行的顺序书写即可得出密文 ATCASXTAKTI。

3. 维吉尼亚密码

人们在恺撒密码的基础上扩展出多表密码，比如维吉尼亚密码。维吉尼亚密码引入了"密钥"的概念，即根据密钥来决定用哪一行的密文来进行替换，以此来对抗字符频率攻击。例如，明文为 goodgirl，密钥为 radio，加密过程是明文第一个字母 g 与密钥第一个字母 r 对应，将明文和密钥分别对应加密方阵中的列和行，方阵中的交叉点 x 即为密文。当密钥长度不够时可以重复使用，得到的密文为 XORLUZRO。维吉尼亚方阵如图 5-1 所示。

4. 密码发展阶段

第一阶段是从古代至 1949 年。这一时期密码学家往往凭直觉设计密码，缺少严格的推理证明，这一阶段设计的密码称为古典密码。

第二阶段是从 1949 年至 1975 年。这一时期发生了两个比较大的事件：一是 1949 年信息论之父香农（Shannon）发表了《保密系统的通信理论》一文，为密码学奠定了理论基础，使密码学成为一门真正的科学；二是 1970 年由 IBM 研究的密码算法 DES（Data Encryption Standard）被美国国家标准局宣布为数据加密标准，这打破了对密码学研究和应用的限制，极大地推动了现代密码学的发展。

第三阶段是从 1976 年至今。1976 年迪菲（Diffie）和赫尔曼（Hellman）发表的《密码学的新方向》一文开创了公钥密码学的新纪元，在密码学的发展史上具有里程碑的意义。

5.1.2　现代密码算法

随着计算机时代的到来，信息安全需要计算机处理环境下的更高强度、更完善的密码体制。

现代密码算法分为两类：①对称密钥算法：数据加密和解密时使用相同的密钥；②非对称密钥算法：数据加密和解密时使用不同的密钥，一个是公开的公钥，一个是由用户秘密保

	a	b	c	d	e	f	g	h	i	j	k	l	m	n	o	p	q	r	s	t	u	v	w	x	y	z
a	A	B	C	D	E	F	G	H	I	J	K	L	M	N	O	P	Q	R	S	T	U	V	W	X	Y	Z
b	B	C	D	E	F	G	H	I	J	K	L	M	N	O	P	Q	R	S	T	U	V	W	X	Y	Z	A
c	C	D	E	F	G	H	I	J	K	L	M	N	O	P	Q	R	S	T	U	V	W	X	Y	Z	A	B
d	D	E	F	G	H	I	J	K	L	M	N	O	P	Q	R	S	T	U	V	W	X	Y	Z	A	B	C
e	E	F	G	H	I	J	K	L	M	N	O	P	Q	R	S	T	U	V	W	X	Y	Z	A	B	C	D
f	F	G	H	I	J	K	L	M	N	O	P	Q	R	S	T	U	V	W	X	Y	Z	A	B	C	D	E
g	G	H	I	J	K	L	M	N	O	P	Q	R	S	T	U	V	W	X	Y	Z	A	B	C	D	E	F
h	H	I	J	K	L	M	N	O	P	Q	R	S	T	U	V	W	X	Y	Z	A	B	C	D	E	F	G
i	I	J	K	L	M	N	O	P	Q	R	S	T	U	V	W	X	Y	Z	A	B	C	D	E	F	G	H
j	J	K	L	M	N	O	P	Q	R	S	T	U	V	W	X	Y	Z	A	B	C	D	E	F	G	H	I
k	K	L	M	N	O	P	Q	R	S	T	U	V	W	X	Y	Z	A	B	C	D	E	F	G	H	I	J
l	L	M	N	O	P	Q	R	S	T	U	V	W	X	Y	Z	A	B	C	D	E	F	G	H	I	J	K
m	M	N	O	P	Q	R	S	T	U	V	W	X	Y	Z	A	B	C	D	E	F	G	H	I	J	K	L
n	N	O	P	Q	R	S	T	U	V	W	X	Y	Z	A	B	C	D	E	F	G	H	I	J	K	L	M
o	O	P	Q	R	S	T	U	V	W	X	Y	Z	A	B	C	D	E	F	G	H	I	J	K	L	M	N
p	P	Q	R	S	T	U	V	W	X	Y	Z	A	B	C	D	E	F	G	H	I	J	K	L	M	N	O
q	Q	R	S	T	U	V	W	X	Y	Z	A	B	C	D	E	F	G	H	I	J	K	L	M	N	O	P
r	R	S	T	U	V	W	X	Y	Z	A	B	C	D	E	F	G	H	I	J	K	L	M	N	O	P	Q
s	S	T	U	V	W	X	Y	Z	A	B	C	D	E	F	G	H	I	J	K	L	M	N	O	P	Q	R
t	T	U	V	W	X	Y	Z	A	B	C	D	E	F	G	H	I	J	K	L	M	N	O	P	Q	R	S
u	U	V	W	X	Y	Z	A	B	C	D	E	F	G	H	I	J	K	L	M	N	O	P	Q	R	S	T
v	V	W	X	Y	Z	A	B	C	D	E	F	G	H	I	J	K	L	M	N	O	P	Q	R	S	T	U
w	W	X	Y	Z	A	B	C	D	E	F	G	H	I	J	K	L	M	N	O	P	Q	R	S	T	U	V
x	X	Y	Z	A	B	C	D	E	F	G	H	I	J	K	L	M	N	O	P	Q	R	S	T	U	V	W
y	Y	Z	A	B	C	D	E	F	G	H	I	J	K	L	M	N	O	P	Q	R	S	T	U	V	W	X
z	Z	A	B	C	D	E	F	G	H	I	J	K	L	M	N	O	P	Q	R	S	T	U	V	W	X	Y

图 5-1　维吉尼亚方阵

存的私钥，利用公钥（或私钥）加密的数据只能用相应的私钥（或公钥）才能解密。

与非对称密钥算法相比，对称密钥算法具有计算速度快的优点，通常用于对大量信息进行加密（如对所有报文加密）；而非对称密钥算法，一般用于数字签名和对较少的信息进行加密。

1. 对称密码

对称密码有时也称为传统密码，即加密密钥能够从解密密钥中推算出来，反过来也成立。

对称密码的典型代表是数据加密标准（DES）和高级加密标准（Advanced Encryption Standard，AES）算法。1973 年 5 月 15 日，美国国家标准局（NBS）开始公开征集标准加密算法，并公布了它的设计要求；1974 年 8 月 27 日，NBS 开始第二次征集，IBM 提交了算法 LUCIFER；1975 年 3 月 17 日，NBS 公开了算法的全部细节；1976 年，NBS 指派了两个小组进行评价；1976 年 11 月 23 日，其被采纳为联邦标准，批准用于非军事场合的各种政府机构；该标准规定每五年审查一次，计划十年后采用新标准；而最近的一次评估是在 1994 年 1 月，已决定 1998 年 12 月以后，DES 将不再作为联邦加密标准。DES 利用 56 位长度的密钥 K 来加密长度为 64 位的明文，在密钥控制下进行 16 轮迭代运算，得到长度为 64 位的密文。

随着计算机性能的逐渐提高，DES 算法面临许多挑战，1997 年 1 月 28 日，RSA 数据安全公司在 RSA 安全年会上，悬赏 1 万美元破解 DES，科罗拉多州的程序员 Verser 在互联网上数万名志愿者的协作下，用 96 天的时间找到了密钥长度为 40 位和 48 位的 DES 密钥。

1998 年 7 月，电子边境基金会使用一台价值 25 万美元的计算机 "深译"，在 56 小时之内破译了 56 位的 DES，破译后得到的机密信息为 "是时候让 128 位、192 位与 256 位密钥登场了"。

1997 年 4 月 15 日，美国国家标准与技术研究所（NIST）发起征集 AES 算法的活动；1998 年 8 月 20 日，NIST 召开了第一次候选大会并公布了 15 个候选算法；1999 年 3 月 22 日，NIST 举行了第二次 AES 候选会议并从中选出 5 个 AES 成为新的公开的联邦信息处理标准；2000 年 10 月 2 日，经过三年来世界著名密码专家之间的竞争，两名比利时密码专家提出的 "Rijndael 数据加密算法" 最终获胜；2001 年 11 月 26 日，NIST 正式公布高级加密标准（AES），并于 2002 年 5 月 26 日正式生效，成为美国的官方政府标准。

2. 非对称密码

非对称密码体制是在计算机网络环境下，针对对称密码体制的缺陷而提出的一种新的密码体制，也称为公钥密码或双钥密码。它是由迪菲（Diffie）和赫尔曼（Hellman）于 1976 年提出的，他们也因此获得了 2016 年的图灵奖。

在非对称密钥算法中，加密和解密使用的密钥一个是对外公开的公钥，一个是由用户秘密保存的私钥，从公钥很难推算出私钥。公钥和私钥一一对应，两者统称为非对称密钥对。通过公钥（或私钥）加密后的数据只能利用对应的私钥（或公钥）进行解密。

非对称密钥算法包括 RSA（Rivest Shamir and Adleman）、DSA（Digital Signature Algorithm，数字签名算法）和 ECDSA（Elliptic Curve Digital Signature Algorithm，椭圆曲线数字签名算法）等。公钥算法中应用最广泛的就是 RSA 算法，RSA 公钥算法是由 Rivest、Shamir 和 Adleman 三个人于 1978 年提出的；RSA 的安全性基于大整数分解因子的困难性，即 n 为两个大素数 p 和 q 的乘积，分解 n 被认为是非常困难的。

非对称密钥算法主要有以下两个用途：

1）对发送的数据进行加密/解密：发送者利用接收者的公钥对数据进行加密，只有拥有对应私钥的接收者才能使用该私钥对数据进行解密，从而可以保证数据的机密性。

2）对数据发送者的身份进行认证：非对称密钥算法的这种应用称为数字签名。发送者利用自己的私钥对数据进行加密，接收者利用发送者的公钥对数据进行解密，从而实现对数据发送者身份的验证。由于只能利用对应的公钥对通过私钥加密后的数据进行解密，因此根据解密是否成功，就可以判断发送者的身份是否合法，如同发送者对数据进行了 "签名"。

非对称密钥算法应用十分广泛，比如 SSH（Secure Shell，安全外壳）、SSL（Secure Sockets Layer，安全套接字层）、PKI（Public Key Infrastructure，公钥基础设施）中都利用了非对称密钥算法进行数字签名。非对称密钥算法只有与具体的应用（如 SSH、SSL）配合使用，才能实现利用非对称密钥算法进行加密/解密或数字签名。

5.1.3 Hash 函数

Hash 一般翻译为 "散列"，也有直接音译为 "哈希" 的，就是通过散列算法把任意长度的输入变换成固定长度的输出，该输出就是散列值。

怎样确定一个文件是否被修改过呢？Hash 算法的 "数字指纹" 特性，使它成为应用最广泛的一种文件完整性校验算法。

典型的 Hash 算法包括 MD5、SHA1、SHA2、SHA3。

5.2 LC7 破解操作系统密码

5.2.1 Windows 账户安全

　　用户在登录操作系统时输入用户名和口令，计算机对口令进行加密得到密文，将该密文与计算机系统密码文件中存储的密码进行比对，如果相同则通过登录，否则拒绝登录。SAM 文件是 Windows 的用户账户数据库，所有用户的用户名及口令的 Hash 值等相关信息都会保存在这个文件中。该文件位于系统目录 Windows \ System32 \ Config \ 文件夹中。

　　开机之后 SAM 文件处于被使用状态，所以 SAM 文件不能被打开，甚至不能被复制。但是可以利用 LC7、LC5、Ophcrack、SAMInside、Cain 等工具读取 SAM 文件中口令的 Hash 值，并进行破解。

5.2.2 LC7 破解操作系统密码的步骤

　　LOphtCrack7 简称 LC7，目前是计算机上一款比较好用的计算机密码破解软件，可以有效、快速破解操作系统密码，同样也是最好、最快的 Windows 管理员账号密码恢复工具。实验环境为 Windows7 操作系统。实验步骤为：①设置测试账号及账号密码；②安装 LC7；③根据设置向导破解操作系统简单密码；④使用暴力破解方式破解复杂密码。下面予以简要介绍。

　　步骤一：在 Windows7 虚拟机中，设置测试账号及账号密码。设置账号 Administrator 的密码为 123456，设置账号 qiaomingqiu 的密码为 qiaomingqiu，设置账号 qiaomingqiu1 的密码为 abc123，设置账号 qiaomingqiu2 的密码为 bcplqia，设置账号 qiaomingqiu3 的密码为 bcplqiao，如图 5-2 所示。

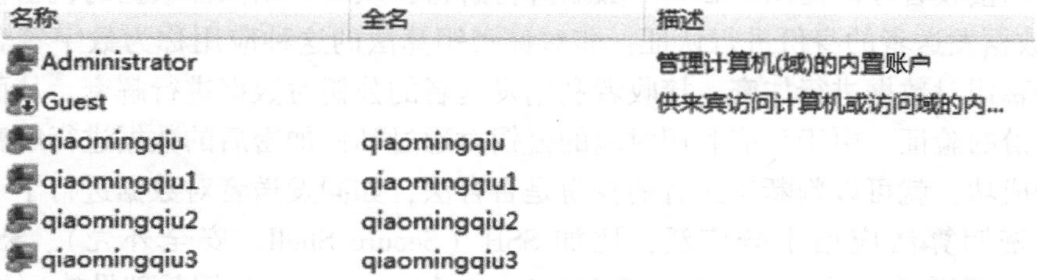

名称	全名	描述
Administrator		管理计算机(域)的内置账户
Guest		供来宾访问计算机或访问域的内…
qiaomingqiu	qiaomingqiu	
qiaomingqiu1	qiaomingqiu1	
qiaomingqiu2	qiaomingqiu2	
qiaomingqiu3	qiaomingqiu3	

图 5-2　设置测试账号

　　步骤二：安装 LC7。根据操作系统选择相应的安装包进行安装，安装成功后选择激活注册码，填写姓名及邮箱后生成序列号和注册码文件，使用姓名和序列号进行离线注册，在弹出的窗口中选择之前保存的注册码文件，注册成功，如图 5-3 所示。

　　步骤三：根据设置向导破解操作系统简单密码。首先选择密码破解向导，单击"下一步"按钮，在弹出的界面中选择目标系统类型为 Windows，导入方式选择本地机器，使用已经登录的账号进行破解，破解类型选择快速密码破解，单击"下一步"按钮则立即启动此任务。这是设置的概要，单击"完成"按钮，选择使用默认的 CPU 算法进行破解，很快前三个账号的密码已经破解成功，如图 5-4 所示。

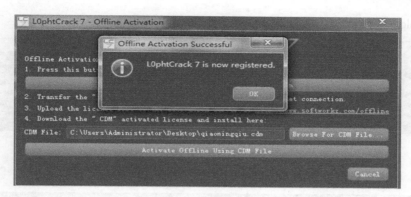

图 5-3　LC7 注册

	Domain	Username	NTLM Hash	NTLM Password
1	WIN-37JRC02CKGM	Administrator	32ED87BDB5FDC5E9CBA88547376818D4	123456
2	WIN-37JRC02CKGM	Guest	31D6CFE0D16AE931B73C59D7E0C089C0	
3	WIN-37JRC02CKGM	qiaomingqiu	37810A1692FC7EFCA2B4CC67963C938A	qiaomingqiu
4	WIN-37JRC02CKGM	qiaomingqiu1	F9E37E93B83C47A93C2F08F664096313	abc123
5	WIN-37JRC02CKGM	qiaomingqiu2	4EAE0FC0FBB15ABB37367097C94B8A13	
6	WIN-37JRC02CKGM	qiaomingqiu3	C06A001D7B49A895046825C1B32C5121	

All Accounts: 6　　Cracked: 4　　Partially Cracked: 0　　Selected: 0

图 5-4　密码破解 1

步骤四：使用暴力破解方式破解复杂密码，首先设置字符集为 7 位的小写字母，进行破解，如图 5-5 所示。

图 5-5　设置字符集 1

密码 bcplqia 破解成功，用时 2s，如图 5-6 所示。

图 5-6　密码破解 2

步骤五：再次设置字符集为 8 位的小写字母，如图 5-7 所示。

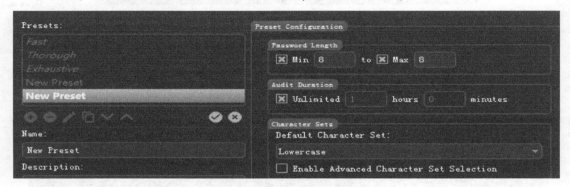

图 5-7　设置字符集 2

步骤六：进行破解，半小时后密码 bcplqiao 破解成功，用时 25m38s，如图 5-8 所示。至此全部测试账号密码破解成功。

图 5-8　密码破解 3

5.2.3　账户安全策略

那么如何应对操作系统密码破解攻击呢？可以通过设置账户安全策略进行防御。

1. 密码策略

按照以下要求设置密码策略，如图 5-9 所示。

1）启用密码必须符合复杂性要求。

2）密码长度最小值为 8 个字符。

3）密码最短使用期限为 1 天。

4）密码最长使用期限为 42 天。

5）强制密码历史为 24 个记住的密码。

6）禁用"用可还原的加密来储存密码"。

72

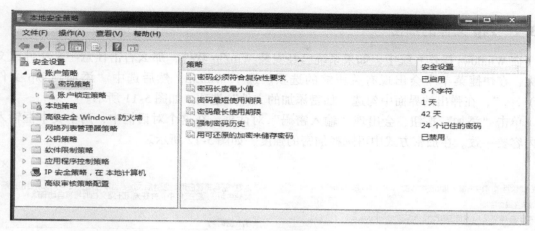

图 5-9　密码策略

2. 账户锁定策略

按照以下要求设置账户锁定策略，如图 5-10 所示。

1）账户锁定时间为 30 分钟。

2）账户锁定阈值为 6 次无效登录，这样就能够应对上述破解软件的暴力破解。

3）30 分钟之后重置账户锁定计数器。

4）重新命名 Administrator 账号。

5）创建一个陷阱用户。

6）禁用或者删除不必要的账号，如 Guest 用户。

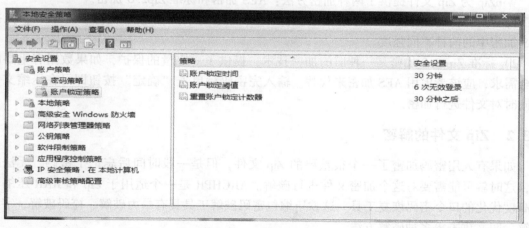

图 5-10　账户锁定策略

5.3　压缩软件的加密与破解

在传输文件时，经常会对文件进行压缩，这样可以传得更快一些。大多数公司为了保险起见，都会选择对文件加密，那么能否在压缩时就完成加密呢？WinZip 和 WinRAR 都可以在压缩文件的同时对文件进行加密。

5.3.1 Zip 文件的加密

在 Windows 操作系统中，如果系统已经安装 WinZip 软件，那么右击任意一个文件或文件夹，在快捷菜单中会出现有关压缩的选项。选中 WinZip，然后选中"添加到 Zip 文件（Z）…"，在弹出的界面中勾选"加密添加的文件"选项，如图 5-11 所示。

单击"添加"按钮，会出现"输入密码"对话框，在这个对话框中，两个文本框输入的内容要一致。在加密方式中可选择加密的强度，如图 5-12 所示。

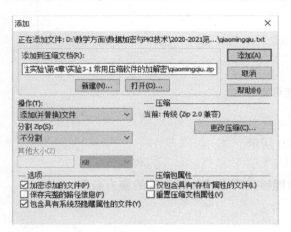

图 5-11　加密添加的文件　　　　　　　　　　图 5-12　输入密码

WinZip 为 Zip 文件提供了两种加密方法：AES 加密和标准 Zip2.0 加密。

1）AES 加密是高级加密标准，已经被 NIST 采纳为联邦信息处理标准。WinZip 支持 AES 加密中的两种不同强度。

2）标准 Zip 2.0 加密是一种旧的加密技术，提供了一定量的保护，如果数据有重要的安全需求，应该考虑用 AES 加密来代替。输入完密码后单击"确定"按钮即可在压缩文件的同时对文件进行加密。

5.3.2 Zip 文件的解密

如果有人用密码加密了一个很重要的 Zip 文件，但是一段时间后忘记了密码，无法打开，这时就可能需要对这个加密文件进行破解。ARCHPR 是一个适用于 Zip 和 RAR 压缩包的高度优化的口令密码恢复工具。这款压缩包密码破解工具具有暴力破解、掩码破解、字典破解、明文攻击等多种破解方法。

（1）暴力破解　所谓暴力破解，就是在一定字符范围内穷举指定长度的所有密码，从而猜解出用户口令的方法。首先在攻击类型（Type of attack）中选择暴力破解（Brute-force），然后在范围（Range）选项卡中选择字符集，在长度（Length）选项卡中选择密码的最小长度和最大长度，如图 5-13 所示。

选择要破解的文件，很快破解成功，对话框显示了暴力破解的总密码数、总共破解的时间、平均破解速度、文件密码以及密码的十六进制，Zip 文件的破解速度非常快。

（2）掩码破解　如果已经知道密码中的某些字符，那么选择此种破解方式可以迅速得

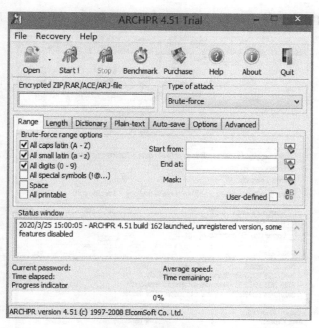

图 5-13　暴力破解

到密码。在攻击类型（Type of attack）中选择掩码破解（Mask），然后在范围（Range）选项卡中选择字符集，在掩码（Mask）后面写上已知的字符，未知的每个字符分别用一个"?"进行代替，即可进行破解，如图 5-14 所示。

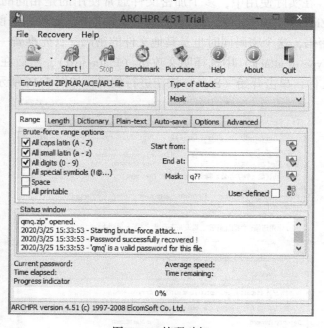

图 5-14　掩码破解

（3）字典破解　所谓字典破解，就是穷举密码字典中所有的密码，直到破解成功或穷举完毕。在攻击类型（Type of attack）中选择字典攻击（Dictionary），然后在字典（Dictionary）

选项卡中选择使用的字典，单击开始（Start）按钮进行破解，如图5-15所示。

图5-15　字典破解

（4）明文攻击　在实际使用中，多个加密文件通常使用的是相同的密码，如果能够在计算机中找到某个Zip加密前的文件，就可以使用明文攻击，比较加密前和加密后的文件，从而破解出此文件密码，这个密码同时也是其他文件的密码。首先准备一个无密码的Zip文件，在攻击类型（Type of attack）中选择明文攻击（Plain-text），然后在明文文件路径中选择没有密码的Zip文件，单击开始（Start）按钮进行破解，如图5-16所示。

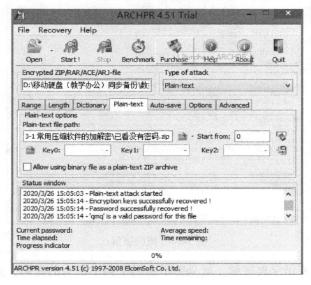

图5-16　明文攻击

5.3.3　RAR 文件的加解密

与 Zip 软件一样，系统中安装 RAR 软件后，右击要压缩的文件，在弹出的快捷菜单选择"添加到压缩文件"选项，如图 5-17 所示。

在弹出的对话框中，单击"设置密码"，即可对 RAR 文件加密，如图 5-18 所示。

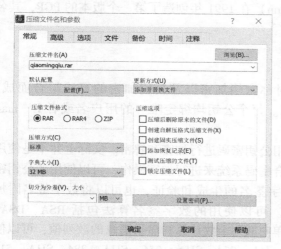

图 5-17　添加到压缩文件

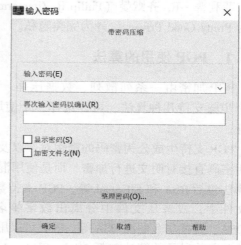

图 5-18　设置密码

仍然使用 ARCHPR 对 RAR 文件进行解密，破解方法类似，这里以暴力破解为例进行说明。首先在攻击类型（Type of attack）中选择暴力破解（Brute-force），然后在范围（Range）选项卡中选择字符集，在长度（Length）选项卡中选择密码的最小长度和最大长度都是 3，然后进行暴力破解，如图 5-19 所示。

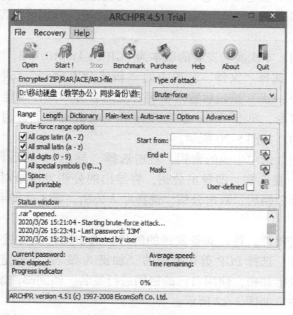

图 5-19　RAR 解密

等待十分钟左右，破解成功。RAR 使用了更为安全的加密算法，所以破解速度比较慢。

5.4 PGP 加密电子邮件

菲利普·R. 齐默曼（Philip R. Zimmermann）在 1991 年创造了第一个版本的 PGP，其名称为 Pretty Good Privacy，译为完美隐私。

5.4.1 PGP 使用的算法

PGP 加密由一系列散列、数据压缩、对称密钥加密以及公钥加密的算法组合而成。每个步骤支持几种算法，可以选择一个使用。每个公钥均绑定唯一的用户名或者 E-mail 地址。

PGP 支持生成公钥密码的密钥对，以及用公钥密码进行加密和解密。实际上并不是使用公钥密码直接对明文进行加密，而是使用混合密码系统来进行加密操作，可以使用的公钥密码算法包括 RSA 和 ElGamal 等。PGP 支持数字签名的生成和验证，也可以将数字签名附加到文件中，或者从文件中分离出数字签名。可以使用的数字签名算法包括 RSA、DSA、ECDSA、爱德华兹曲线 DSA 等。PGP 可以用单向散列函数计算和显示消息的散列值，可以使用的单向散列函数算法包括 MD5、SHA-1、SHA-224、SHA-256、SHA-384、SHA-512等。MD5 依然可以使用，但并不推荐。PGP 可以生成 OpenPGP 中规定格式的证书，以及与 X.509 规范兼容的证书。

5.4.2 PGP 加密电子邮件

实验目标是使用 PGP 发送加密电子邮件，分为创建密钥、交换密钥、发送加密邮件和解密加密邮件四个步骤。实验环境为两台 Windows 虚拟机，分别模拟发送加密邮件的一方和接收加密邮件的一方。

步骤一：创建密钥。本次实验安装的版本为 PGP Desktop10.0.3，安装后需要重启系统，重启后打开 PGP 界面。选择"文件"菜单中的"新建 PGP 密钥"，进入"PGP 密钥生成助手"对话框，单击"下一步"按钮后输入密钥对应的名称和邮件地址，单击"下一步"按钮后为私钥设置保护口令，单击"下一步"按钮后生成密钥和子密钥，单击"下一步"按钮之后，密钥生成成功，如图 5-20 所示。

步骤二：交换密钥。选中生成的密钥，右击选择"导出"，然后设置密钥导出的位置，不要勾选"包含私钥"复选框，即导出公钥，将导出的公钥发送给对方。另外一台虚拟机也做同样的操作。收到公钥后，双击公钥，选择导入公钥，导入后即可看到导入的公钥，如图 5-21 所示。

步骤三：发送加密邮件。首先准备发送的邮件，选中邮件正文进行剪切，用 PGP 的剪切板加密功能加密邮件，选择 PGP 剪切板中的"加密 & 签名"，确定后进入签名密钥对话框，使用对方的密钥进行加密，使用自己的密钥进行签名，回到邮件发送界面，将加密签名后的邮件粘贴到正文中，如图 5-22 所示。

步骤四：解密加密邮件。对方收到加密邮件，复制加密正文到剪切板，然后选择 PGP

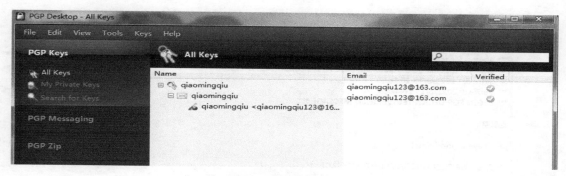

图 5-20　创建密钥

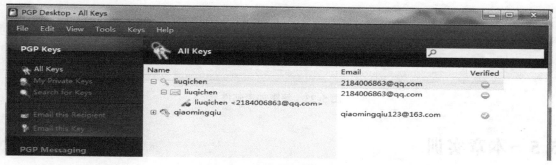

图 5-21　交换密钥

图 5-22　发送加密邮件

剪切板中的"解密 & 校验"，即可进行解密和校验，解密后得到邮件的正文，如图 5-23
所示。

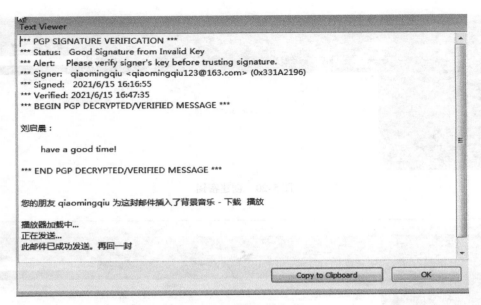

图 5-23　解密加密邮件

5.5　本章实训

实训1：LC7 破解操作系统密码

1. 实验目的

1）理解破解操作系统密码的原理。

2）能够使用 LC7 破解操作系统密码。

2. 实验环境

一台 Windows 虚拟机、LC7 软件。

3. 实验内容

任务1：LC7 破解操作系统密码

1）在 Windows7 虚拟机中，设置测试账号及账号密码。设置账号 1 的密码为 123456，设置账号 2 的密码为账号 2，设置账号 3 的密码为 abc123，设置账号 4 的密码为 bcplqia，设置账号 5 的密码为 bcplqiao。

2）安装 LC7。根据操作系统选择相应的安装包进行安装，安装成功后选择激活注册码，使用注册机进行注册，填写姓名及邮箱后生成序列号和注册码文件。使用姓名和序列号进行离线注册，在弹出的窗口中选择之前保存的注册码文件，注册成功。

3）根据设置向导破解操作系统简单密码。首先选择密码破解向导，单击"下一步"按钮，在弹出的界面中选择目标系统类型为 Windows，导入方式选择本地机器，使用已经登录的账号进行破解，破解类型选择快速密码破解，单击"下一步"按钮则立即启动此任务。这是设置的概要，单击"完成"按钮，选择使用默认的 CPU 算法进行破解，很快前三个账号的密码破解成功。

4）使用暴力破解方式破解复杂密码，首先设置字符集为 7 位的小写字母，进行破解，密码 bcplqia 破解成功。再次设置字符集为 8 位的小写字母，进行破解，密码 bcplqiao 破解成功。至此全部测试账号密码破解成功。

任务 2：设置账户安全策略

1）设置密码策略。

① 启用密码必须符合复杂性要求。

② 密码长度最小值为 8 个字符。

③ 密码最短使用期限为 1 天。

④ 密码最长使用期限为 42 天。

⑤ 强制密码历史为 24 个记住的密码。

⑥ 禁用"用可还原的加密来储存密码"。

2）设置账户锁定策略。

① 账户锁定时间为 30 分钟。

② 账户锁定阈值为 6 次无效登录，这样就能够应对上述破解软件的暴力破解。

③ 30 分钟之后重置账户锁定计数器。

④ 重新命名 Administrator 账号。

⑤ 创建一个陷阱用户。

⑥ 禁用或者删除不必要的账号（如 Guest 用户）。

实训 2：压缩软件的加解密

1. 实验目的

1）掌握 Zip 文件的加密方法。

2）掌握 RAR 文件的加密方法。

3）掌握暴力破解、掩码破解、字典破解、明文攻击的原理。

4）能够使用 ARCHPR 软件破解 Zip 文件和 RAR 文件。

2. 实验环境

一台 Windows 主机、Zip 软件、RAR 软件、ARCHPR 软件。

3. 实验内容

1）使用 Zip 对某一文件进行加密，设置密码为 abc123。

2）使用暴力破解方式破解加密后的 Zip 文件。

3）使用掩码破解方式破解加密后的 Zip 文件。

4）使用字典破解方式破解加密后的 Zip 文件。

5）使用明文攻击方式破解加密后的 Zip 文件。

6）使用 RAR 文件对某一文件加密，并进行破解。

实训 3：PGP 加密电子邮件

1. 实验目的

1）掌握 PGP 加密电子邮件的原理。

2）能够使用 PGP 加密电子邮件。

2. 实验环境

两台 Windows 虚拟机或者两台 Windows 主机，或者一台 Windows 主机和一台 Windows 虚拟机、PGP 软件。

3. 实验内容

1）创建密钥。本次实验安装的版本为 PGP Desktop10.0.3，安装后需要重启系统，重启后打开 PGP 界面。选择"文件"菜单中的"新建 PGP 密钥"，进入"PGP 密钥生成助手"对话框，单击"下一步"按钮后输入密钥对应的名称和邮件地址，单击"下一步"按钮后为私钥设置保护口令，单击"下一步"按钮后生成密钥和子密钥，单击"下一步"按钮之后，密钥生成成功。

2）交换密钥。选中生成的密钥，右击选择"导出"，然后设置密钥导出的位置，不要勾选"包含私钥"复选框，即导出公钥，将导出的公钥发送给对方。另外一台虚拟机也做同样的操作。收到公钥后，双击公钥，选择导入公钥，导入后即可看到导入的公钥。

3）发送加密邮件。首先准备发送的邮件，选中邮件正文进行剪切，用 PGP 的剪切板加密功能加密邮件，选择 PGP 剪切板中的"加密 & 签名"，确定后进入签名密钥对话框，使用对方的密钥进行加密，使用自己的密钥进行签名，回到邮件发送界面，将加密签名后的邮件粘贴到正文中。

4）解密加密邮件。对方收到加密邮件，复制加密正文到剪切板，然后选择 PGP 剪切板中的"解密 & 校验"，即可进行解密和校验，解密后得到邮件的正文。

【习　题】

1. 选择题

1）最早将现代密码学概念运用于实际的密码是（　　）。

A. 希尔密码　　　　　　　　　　　　B. 恺撒密码

C. 双轨密码　　　　　　　　　　　　D. 维吉尼亚密码

2）现代密码分为（　　）。

A. 分组密码和流密码　　　　　　　　B. 对称密码和分组密码

C. 对称密码和非对称密码　　　　　　D. 分组密码和非对称密码

3）Rivest、Shamir 和 Adleman 三个人于 1978 年提出的算法是（　　）。

A. RSA 公钥算法　　　　　　　　　　B. DES 算法

C. AES 算法　　　　　　　　　　　　D. MD5 算法

4）1976 年，提出公钥密码体制概念的学者是（　　）。

A. Diffie　　　　　　　　　　　　　B. Rivest、Shamir 和 Adleman

C. Diffie 和 Rivest　　　　　　　　　D. Diffie 和 Hellman

5）Windows 用户账户数据库是（　　）文件。

A. password　　　　B. user　　　　C. SAM　　　　D. admin

6）SAM 文件的路径是（　　）。

A. \ Systemroot \ System32　　　　　B. C：\

C. \ Systemroot　　　　　　　　　　D. \ Systemroot \ System32 \ Config

7）SAM 文件中存放的是（　　　）。

A. 账号和密码的明文

B. 账号和密码的 Hash 值

C. 账号和密码的 RSA 加密结果

D. 账号和密码的 DES 加密结果

8）下列软件中能够破解 SAM 文件的是（　　　）。

A. Nmap　　　　　　B. Wireshark　　　　　C. LC7　　　　　　D. SuperScan

9）使用恺撒密码加密 meet 后的密文是（　　　）。

A. PHHW　　　　　　B. OGGV　　　　　　C. QIIX　　　　　　D. NFFU

10）（　　　）是需要设置的账户安全策略。

A. 启用密码复杂性要求

B. 设置账户锁定阈值

C. 重新命名 Administrator 账号

D. 禁用或者删除不必要的账号

2. 判断题

1）RSA 的安全性基于大整数分解因子的困难性。（　　　）

2）公开密钥算法（Public-key Algorithm）也称非对称算法，加密密钥不同于解密密钥，而且解密密钥不能根据加密密钥计算出来。（　　　）

Chapter

第6章

木马防护

 学习目标

1. 了解特洛伊木马的由来
2. 掌握特洛伊木马的原理
3. 掌握木马的攻击步骤
4. 掌握冰河木马的实施过程
5. 掌握冰河木马的清除过程

特洛伊木马（Trojan Horse）简称木马，这个名字来源于古希腊传说。木马是一种基于远程控制的黑客工具，具有隐蔽性、自动运行性、非授权性和危害性等特点。木马通常有两个可执行程序：一个是服务端程序，安装在被控制端；另一个是客户端程序，安装在控制端。如果计算机被安装了服务端程序，会有一个或几个端口被打开，黑客就可以使用控制端程序通过这些端口进入该计算机。

6.1 木马概述

6.1.1 木马定义

你听过"木马屠城记"的故事吧？然而，这场持续了九年的大战，为何最后终结在一匹木马上呢？原来，希腊人见特洛伊城久攻不下，便特制了一匹巨大的木马，打算来个"木马屠城计"。希腊人在木马中安排了一批视死如归的勇士，待两军激战时，借故战败撤退，诱敌上钩。被敌军撤退喜讯冲昏头脑的特洛伊人哪知是计，当晚便把木马拉进城中，准备安排一场欢天喜地的庆功宴。谁知，就在大家兴高采烈喝酒欢庆之际，木马中的勇士早已暗中打开城门，里应外合一举攻破特洛伊城。

下面要介绍的木马原理跟这个故事非常相似。所谓的特洛伊木马，英文叫作 Trojan Horse，正是指那些表面上是有用的软件，实际目的却是危害计算机安全并导致严重破坏的计算机程序，计算机黑客将控制程序寄生于被控制的计算机系统中，通过客户端里应外合，对被控制的计算机实施操作。

木马是具有欺骗性的文件，是一种基于远程控制的黑客工具，有很多木马是从远程控制程序发展而来的，那么木马和远程控制程序有哪些相同和不同之处呢？

木马和远程控制程序有以下相同之处：

1）木马和远程控制程序都是通过客户端来控制被控制端，被控制端程序可以植入手机或者计算机。植入哪里，哪里就会成为被控制端。

2）木马和远程控制程序都可以进行文件资源管理，比如文件的上传、下载、删除等。

3）木马和远程控制程序都可以进行屏幕监控、屏幕录制、屏幕锁定、键盘记录等操作。

木马和远程控制程序也有明显的区别：

1）木马有极强的破坏性，能够控制用户计算机系统的程序，破坏用户的计算机系统。

2）木马具有隐蔽性，木马最显著的特征就是隐蔽性，也就是被控制端是隐藏的，并不会在被控者桌面显示，被控者很难发现。

木马与计算机病毒也有类似的地方，都是可导致计算机上的信息损坏的恶意程序。木马与病毒的重大区别是木马不具有传染性，它并不能像病毒那样复制自身，也并不"刻意"地去感染其他文件，它主要通过将自身伪装起来，吸引用户下载执行。

6.1.2　木马原理

木马实际是一个 C/S 模式（即客户/服务器模式）的程序。一个完整的特洛伊木马程序包含两部分：一是客户端程序，安装在控制端；二是服务端程序，安装在被控制端，如图 6-1 所示。植入受害者计算机的是服务端程序，攻击者要通过木马攻击受

图 6-1　木马原理

害者的系统，他所做的第一步就是要把木马的服务端程序植入到受害者的计算机里。一旦木马成功植入，就形成了基于 C/S 结构的控制架构体系，黑客就可以对受害者的机器进行控制了。注意：服务端程序位于被控制端，客户端程序位于控制端。

一个完整的木马系统由硬件部分、软件部分和连接部分组成。

1）硬件部分：是建立木马连接所必需的硬件实体，包括控制端、服务端和 Internet。控制端是对服务端进行远程控制的一方；服务端是被控制端远程控制的一方；Internet 是控制端对服务端进行远程控制、数据传输的网络载体。

2）软件部分：是实现远程控制所必需的软件程序，包括控制端程序、木马程序和木马配置程序。控制端程序是控制端用以远程控制服务端的程序；木马程序是潜入服务端内部，获取其操作权限的程序；木马配置程序可以设置木马程序的端口号、触发条件、木马名称等，使其在服务端藏得更隐蔽。

3）连接部分：是通过 Internet 在控制端和服务端之间建立一条木马通道所必需的元素，包括控制端 IP 和控制端端口。控制端 IP，即控制端、服务端的网络地址，也是木马进行数据传输的目的地；控制端端口，即控制端、服务端的数据入口，通过这个入口，数据可直达控制端程序或木马程序。

木马程序具有很强的隐蔽性，它可以在不知不觉中控制和监视受影响的计算机。那么木马到底都有哪些隐藏手法呢？研究发现目前主流的方法有以下几种。

1）集成到程序中：木马为了不被轻易地删除，常常集成到程序里。用户激活木马程序后，木马文件和某一应用程序捆绑在一起，然后生成新的文件并覆盖原文件，这样即使木马

被删除了，只要运行捆绑了木马的应用程序，木马又会被重新安装。

2）隐藏在配置文件中：大多数用户对操作系统的配置文件不熟悉，攻击者利用这一点将木马隐藏在配置文件中，如 Windows 系统的 Win. ini 文件、System. ini 文件和 Winstart. bat 文件。

3）内置到注册表中：注册表是 Windows 系统的核心数据库，其中存放着各种参数，直接控制着 Windows 的启动、硬件和驱动程序的加载以及一些 Windows 应用的运行。由于注册表比较复杂，对于普通用户来说较难发现隐藏在里面的木马。

4）插入到网页中：隐藏在网页中的木马又叫网页木马，网页木马就是表面上伪装成普通的网页或者将恶意的代码插入到正常网页中，当用户访问网页时木马就会利用用户的计算机系统或者浏览器的漏洞自动将木马下载到本地。

5）伪装在普通文件中：把可执行文件伪装成图片或文本，在程序中把图标改成操作系统的默认图片图标，再把文件名改为“＊. gif. exe”。当用户的计算机设置为“隐藏已知文件类型的扩展名”时，只能显示“＊. gif”这部分，而不会显示真正的扩展名“. exe”。

6）包含在视频中：从网络中下载并观看视频是计算机用户的一个普遍行为，攻击者可以通过提供特制的恶意视频进行攻击，其实现就是让视频播放时自动弹出浏览器窗口，并访问含有木马的恶意网页。

6.1.3 木马分类

木马有以下几种分类。

1. 破坏型木马

破坏型木马唯一的功能就是破坏并且删除文件或系统，可以自动删除计算机上的 DLL、INI、EXE 等重要文件，也可以破坏和删除被感染计算机的文件系统，使其遭受系统崩溃或者重要数据丢失的巨大损失。

2. 密码发送型木马

有人喜欢把自己的各种密码以文件的形式存放在计算机中，还有人喜欢用 Windows 提供的密码记忆功能，这样就可以不必每次都输入密码了。实际上，木马可以找到这些文件并把它们送到黑客手中。在高度信息化、网络化的今天，密码无疑是一个非常重要的信息。密码发送型木马正是专门为了盗取被感染计算机上的密码而编写的，木马一旦被执行，就会自动搜索内存、缓存、临时文件夹以及各种敏感密码文件，一旦搜索到有用的密码，木马就会将它们发送到指定的邮箱。

3. 远程控制型木马

只需有人运行了服务端程序，如果客户端知道了服务端的 IP 地址，就可以实现远程控制。远程控制型木马是最流行的木马，其数量最多，危害最大，它可以让攻击者完全控制被感染的计算机。由于要达到远程控制的目的，所以该种类的木马往往集成了其他种类木马的功能，使其在被感染的机器上可以任意访问文件，得到用户的敏感信息甚至包括信用卡、银行账号等至关重要的信息。

4. 键盘记录型木马

键盘记录型木马所做的唯一事情就是记录受害者的键盘敲击，然后在日志文件里查找密码。一般情况下，这种木马随着操作系统的启动而启动，它们有在线和离线的选项，分别记录在线和离线状态下人们敲击键盘时的按键情况，然后发送到指定邮箱。攻击者从这些按键记录中很容易就会得到各种账户、密码等有用信息。

5. DOS 攻击型木马

随着 DDOS 攻击越来越广泛的应用，被用作 DOS 攻击的木马也越来越流行。当给被入侵的计算机种上 DOS 攻击型木马，那么日后这台计算机就会成为进行 DOS 攻击的小助手（肉鸡）。攻击者控制的肉鸡数量越多，发动 DOS 攻击取得成功的概率就越大。所以，这种木马的危害不是体现在被感染的计算机上，而是体现在攻击者可以利用它来攻击一台又一台计算机，给网络造成很大的伤害和损失。

6. 代理型木马

给被控制的肉鸡种上代理型木马，让其变成攻击者发动攻击的跳板是代理型木马最重要的任务。

7. FTP 型木马

FTP 型木马是一种非常简单和古老的木马，它会打开计算机的 21 端口，等待 FTP 软件进行连接并自由上传和下载文件。部分 FTP 型木马还带有密码验证功能，只有攻击者本人才知道密码，从而进入对方计算机。

8. 程序杀手型木马

程序杀手型木马的功能就是关闭对方机器上运行的安全软件，让其他的木马更好地发挥作用。

9. 反弹端口型木马

防火墙对于连入的链接往往会进行非常严格的过滤，但是对于连出的链接却疏于防范。于是，与一般的木马相反，反弹端口型木马的被控端主动连接控制端，这样就大大提高了控制的成功率。

6.1.4　网页挂马

如今在互联网上，"网页挂马"是一个出现频率很高的词汇。关于某些网站被挂马导致大量浏览用户受到攻击，甚至造成财产损失的新闻屡见不鲜。而这些挂马事件总能和一些软件漏洞联系起来。网页挂马指的是攻击者篡改了正常的网页，向网页中插入一段代码，当用户浏览网页的同时执行这段代码，将引导用户去浏览放置好的网页木马。使用一些特别的技术可以使得这段代码的执行对用户来说不可见。

将木马与网页结合起来成为网页木马，表面看似正常的网页，当浏览者浏览该网页的同时也运行了木马程序。网页木马利用系统、浏览器或浏览器相关插件自身存在的漏洞，自动下载已经放置在远端的恶意程序。由于下载过程利用了软件上的漏洞，是非正常途径，不会被计算机系统或浏览器本身所察觉。

浏览器、应用软件或系统总是存在各种各样的漏洞，只要这些漏洞能够被利用并执行任意代码，那么存在漏洞的系统就有可能受到网页木马攻击。网页挂马的技术门槛并不高，互联网上可以得到很多现成的攻击工具。同时网页木马隐蔽性高，挂马所用代码在浏览器中的执行、网页木马的执行和恶意程序的下载运行，用户都无法察觉。网页挂马的传播范围同被挂马网页的数量和浏览量成正比。各种类型的网站都可以成为网页挂马的对象。上述这些原因使得网页挂马成为攻击者传播木马或病毒的最有效的手段之一。

网页木马下载的木马病毒通常用于盗窃银行卡、网游、电子邮件或即时聊天工具（如腾讯 QQ）的账号密码，或窃取私密文件（如私人照片、视频等）及私人信息。这些内容一旦泄露，往往会对受害者造成物质或精神上的损失。因此网页挂马的危害性可见一斑。

攻击者往往利用 SQL 注入、文件包含、跨站脚本、目录穿越等常见的网站漏洞获取到网站的某些权限，并上传 Webshell 等黑客工具对网页进行修改，这就是常说的网页篡改。一般网页挂马都是通过网页篡改来实现的。网页挂马的方式有很多，下面是几种常见的类型。

（1）iframe 标签　iframe 标签是最常见的挂马方式，只要不破坏原始文件的代码逻辑，通常可以插入文件的任何地方，也叫作框架挂马。

（2）JavaScript 脚本　利用 JavaScript 脚本可以动态创建一个窗口并调用网页木马。

（3）结合 SQL 注入　如果通过 SQL 注入的方法可以直接修改后台数据库的内容，那么攻击者就可以将要插入的代码直接写入到数据库中。假设某个数据库中存放的是广告页面，其中每个表项都有一个列用来存放广告页面的链接地址。攻击者可以将插入的代码放到链接地址。

（4）图片伪装　可以利用图片木马生成器产生一个含有木马的图片并修改图片名称，以吸引上网者浏览这些图片。

（5）URL 欺骗　攻击者可以通过各种技术手段对实际的网页木马 URL 进行伪装。

网页木马之所以能够攻击成功，是因为网站自身存在漏洞导致网页被篡改、浏览器或操作系统存在漏洞、网页木马的下载执行和恶意程序的下载执行等几方面因素共同造成的结果，这也是网页挂马防御的着眼点。从本质上看，这些因素实际上都是网络行为，都是在网络上传递的数据，因此要想防御网页挂马，就要切断这些恶意数据的传播。

网页挂马的防御：

（1）对网站/网页的防护　可以采取一些主动的措施（如在网络中增加 IPS 设备）来防止网页被挂马，并利用技术手段（设定开启适当的 IPS 规则）识别被挂马的网页。

1）拦截对网站的攻击。如果网站不被攻击利用，那么挂马就无从谈起。加强网站自身的安全性是防止网页被挂马的基本前提。常见的网站漏洞包括 SQL 注入、跨站脚本、文件包含、目录穿越等，这些漏洞往往是代码级的，与网站本身关系很大，其中 SQL 注入是最常见的攻击方式。此外，还有一些权限设置等网站管理方面的问题也可能给攻击者制造机会，比如对上传文件过滤不严可能会使得攻击者上传 Webshell 进而篡改网页。

由于 SQL 注入攻击的普遍性和高发态势，还需要专门设计一些特殊的防御规则。这些规则与网站自身的 SQL 注入漏洞原因和形式无关，而是针对攻击方式本身进行识别防御，可有效地提高规则使用的通用性，特别是能够对尚未公开的注入漏洞进行积极主动的防御。

2）识别被挂马的网页。如果网站已经受到攻击，网页被篡改，此时需要识别出被挂马的网页并提示用户可能存在的风险。

网页挂马的类型有很多，研究中发现前文所列举的都是最常见的方式。如果网页中存在类似这些挂马类型的代码，则网页被挂马的可能性就比较大。

（2）用户侧的防护

1）保护浏览器或软件不受攻击。如果受害系统的软件上不存在漏洞或者针对漏洞的攻击被识别和拦截，那么网页木马也不会产生什么危害。但事实上，浏览器或系统软件本身一般都存在如缓冲区溢出、堆溢出等类型的漏洞，其中很多都可以被攻击者利用并执行任意代码，这也是网页木马能够成功执行并下载恶意程序的关键原因。虽然大多数漏洞的发现者只将漏洞信息报告给相关厂商，外界对其产生的原理和利用方式知之甚少，也基本能够消除大范围产生危害的可能性，但有些漏洞的产生原理甚至攻击代码还是能够在互联网上获取到的。特别是一些 0day 漏洞，在官方发布正式补丁之前，往往会造成相应网页木马的广泛传播和网页挂马的大量发生。

漏洞的产生一般都和特定的函数、函数参数或特定的代码执行顺序有关，对漏洞原理和攻击方式的深入分析能够帮助人们提出行之有效的防御措施。由于各种原因，并不是所有的操作系统都能及时安装官方发布的补丁，这使得这些系统始终处于危险之中，因此成熟的防御设备须能够保护被常见的网页木马所利用的漏洞。举例来说，MS09 -002 是一个因为 IE 初始化内存时存在的问题而导致的漏洞，由于在各个 IE 版本上都存在，同时是一个 0day 漏洞，因此利用该漏洞的网页木马和挂马行为一度对互联网产生很大危害。如果对利用该漏洞的网页木马，包括一般性变种的攻击行为进行分析，就能够做到准确识别并拦截。如果网页木马本身无法下载到受害系统并执行，那后续的攻击便无从谈起，从而实现对网络的有效保护。

2）防止恶意程序的下载。网页挂马的最终目的一般是要将恶意程序下载到受害系统，使其运行并做出一些破坏性的行为。如果用户端的系统已经浏览了被挂马的网页，并且自身已经受到了网页木马的攻击，那么这时的防护措施就是阻止恶意程序的下载。

大多数情况下恶意程序都放置在一些不常见的免费域名地址中，而正常情况下用户很少主动到这些域名中下载可执行文件，因此从这些域名下载可执行文件的行为很有可能是网页木马所为。识别这些行为自然也成为网页木马防御的一部分。

（3）新的防御手段　使用 IPS 进行防御虽然可以有效防御网页挂马，但需要定期更新特征库或病毒库，以保证对于最新漏洞和攻击的保护和识别，有一定滞后性。目前看来这个更新周期已经足够短，不过不排除在间歇期爆发网络攻击行为的可能。

目前出现了一些新的方法，成为挂马防御的新趋势和 IPS 防御的有效补充。

1）在网站方面，除了增加安全性控制以及定期进行安全漏洞扫描之外，还可以对网站的运行状态进行监控，对网页进行动态跟踪扫描。如果网页发生了变化（比如针对 Hash 值进行比较）且这种变化未受网站管理或开发人员的控制，那么该网页就有被篡改的可能。另外也可以对服务器上所有运行的程序进行控制并在其运行前进行检验，从而阻止恶意脚本在服务器上的执行。

2）在用户方面，目前很多安全软件不再单纯采用利用病毒库匹配的方式来识别木马。木马最终要在受害系统上修改注册表、自动运行或进行其他操作，安全软件一般会深入到操作系统内核级，对这些行为进行实时监控并发出警告以告知用户威胁的存在。病毒库（或木马特征库）的样本采样也可以采用云计算这样的新技术来完成。有的安全软件具有庞大的用户群，这些用户可以上传最新的木马程序、被挂马网页的 URL 等信息，处理后可用于充实木马特征库的内容。这种类型的防御实时性非常好，能够在第一时间响应网络的安全事件。

6.2 冰河木马案例

6.2.1 木马的攻击步骤

木马攻击分为五个步骤：配置木马、传播木马、启动木马、建立连接、远程控制。下面予以简单介绍。

步骤一：配置木马。在配置木马阶段，通常要进行木马的隐藏，木马配置程序为了能在服务端尽可能地隐藏木马，会采用多种伪装方式，如修改图标、绑定文件、定制端口等。在配置木马阶段还要配置信息反馈端口，以保证后续的顺利连接。

步骤二：传播木马。木马的传播方式从总体上主要可以分为以下三种：

1）下载传播。一些下载网站提供的下载软件可能被攻击者捆绑了木马，用户下载软件时木马也被下载到了本地。

2）邮件传播。攻击者将木马以附件的形式附在邮件中发送出去，收信人只要打开附件就会感染木马。随着技术的发展，目前已出现一种邮件内容木马，也可以称为邮件网页木马，其本质是在发送邮件时以 HTML 方式内嵌网页木马，这种木马能化被动为主动，用户一旦点击阅读此邮件就可能中招。

3）漏洞传播。通过漏洞传播的大部分都是网页木马，其实质就是利用漏洞向用户传播木马下载器。

步骤三：启动木马。用户双击伪装后的文件，木马就会悄悄运行起来。

步骤四：建立连接。一般的木马都有一个信息反馈机制。所谓信息反馈机制是指木马成功安装后会收集一些服务端的软硬件信息，并通过邮件等方式告知控制端用户。这里的软硬件信息主要包括服务端 IP、系统密码、操作系统、系统目录、硬盘分区等。在这些信息中，最重要的是服务端 IP，因为只有得到这个参数，控制端才能与服务端建立连接。

一个木马连接的建立首先必须满足两个条件：一是服务端已安装了木马程序；二是控制端、服务端都要在线。在此基础上，控制端可以通过木马端口与服务端建立连接。

步骤五：远程控制。木马连接建立后，控制端端口和木马端口之间将会出现一条通道，控制端可通过这条通道与服务端上的木马程序进行通信，并通过木马程序对服务端进行远程控制。攻击者可以窃取用户密码、破坏文件、修改注册表，以及进行一些系统操作。

6.2.2 冰河木马的攻击过程

冰河木马在设计之初，开发者的本意是编写一个功能强大的远程控制软件。但一经推出，就依靠其强大的功能成为黑客发动入侵的工具，并结束了国外木马一统天下的局面，与后来的灰鸽子等成为国产木马的标志和代名词。

冰河木马的服务端程序为 G_Server.exe，客户端程序为 G_Client.exe，默认连接端口为 7626。

实验环境为两台 Windows7 虚拟机：一台为控制端，需要安装客户端程序，IP 地址为 192.168.1.106；另外一台为被控制端，需要安装服务端程序，IP 地址为 192.168.1.108。用到的软件有冰河木马、捆绑机、HFS 网络文件服务器，以及用于伪装的 Wireshark 文件。

　　步骤一：配置木马。冰河木马中的 G_Server. exe 是冰河木马的服务端程序，服务端程序
是被控制端运行的木马程序，通常需要具备一定的欺骗性，下面借助捆绑工具将服务端程序
和其他文件进行捆绑，设置图标，实现隐藏。打开捆绑工具，捆绑对象选择服务端程序和一
个用于伪装的正常文件，这里正常的文件为 Wireshark 软件的安装包，图标选择 Wireshark 的
安装图标，将两个文件捆绑生成一个新的文件，文件命名为 wireshark-qiaomingqiu，木马伪
装完毕，如图 6-2 所示。

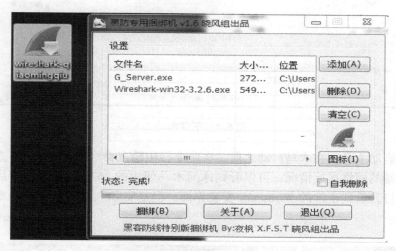

图 6-2　木马伪装完毕

　　步骤二：传播木马。木马传播途径很广，邮件、网站下载等都可以传播木马。这里使用
网站下载的方式将木马传播给对方，将木马上传到网站，如图 6-3 所示；对方通过登录网站
进行下载，如图 6-4 所示。

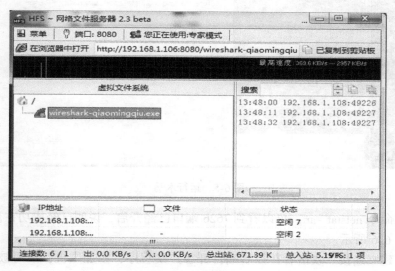

图 6-3　上传木马

91

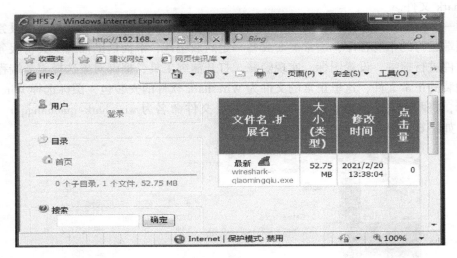

图 6-4　下载木马

步骤三：启动木马。在木马启动之前，在命令行中输入命令 netstat -an。查看木马程序运行前被控制端的网络连接情况，可以看到冰河木马使用的 7626 端口没有开启。双击下载的木马程序，打开看到正常的 Wireshark 安装界面，但是实际上木马已经悄悄地运行了，如图 6-5 所示。

图 6-5　运行木马

再次输入命令 netstat -an，可以看到 7626 端口已经开启，说明已经成功在被控制端安装了木马，如图 6-6 所示。

步骤四：建立连接。攻击者在控制端打开客户端程序，添加主机，填写被控制端 IP 地址 192.168.1.108，连接成功，即可对被控制端进行控制，如图 6-7 所示。

```
C:\Users\Administrator>netstat -an

活动连接

协议   本地地址              外部地址          状态
TCP    0.0.0.0:135          0.0.0.0:0        LISTENING
TCP    0.0.0.0:445          0.0.0.0:0        LISTENING
TCP    0.0.0.0:7626         0.0.0.0:0        LISTENING
TCP    0.0.0.0:49152        0.0.0.0:0        LISTENING
TCP    0.0.0.0:49153        0.0.0.0:0        LISTENING
TCP    0.0.0.0:49154        0.0.0.0:0        LISTENING
TCP    0.0.0.0:49155        0.0.0.0:0        LISTENING
TCP    0.0.0.0:49156        0.0.0.0:0        LISTENING
TCP    0.0.0.0:49157        0.0.0.0:0        LISTENING
TCP    192.168.1.108:139    0.0.0.0:0        LISTENING
TCP    [::]:135             [::]:0           LISTENING
TCP    [::]:445             [::]:0           LISTENING
TCP    [::]:49152           [::]:0           LISTENING
TCP    [::]:49153           [::]:0           LISTENING
TCP    [::]:49154           [::]:0           LISTENING
TCP    [::]:49155           [::]:0           LISTENING
TCP    [::]:49156           [::]:0           LISTENING
TCP    [::]:49157           [::]:0           LISTENING
UDP    0.0.0.0:500          *:*
UDP    0.0.0.0:4500         *:*
UDP    0.0.0.0:5355         *:*
UDP    127.0.0.1:62002      *:*
UDP    127.0.0.1:62003      *:*
UDP    192.168.1.108:137    *:*
UDP    192.168.1.108:138    *:*
UDP    [::]:500             *:*
UDP    [::]:4500            *:*
UDP    [::]:5355            *:*
```

图 6-6　7626 端口开启

图 6-7　建立连接

步骤五：远程控制。攻击者通过文件管理器和命令控制台进行木马攻击，比如在控制端查看被控制端文件，上传文件 documents of qiaomingqiu 到被控制端，在被控制端发现文件已经上传成功，如图 6-8 所示。

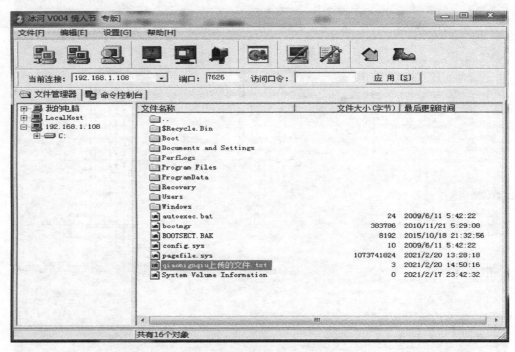

图6-8　上传文件

可以对被控制端进行屏幕查看和屏幕控制，如图 6-9 所示在对被控制端进行屏幕控制。

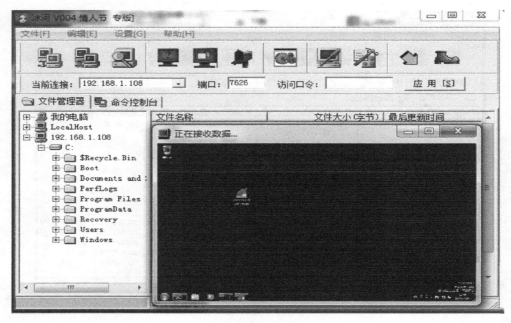

图6-9　屏幕控制

　也可以发消息给被控制端，如
发送"192.168.1.108，你好！我
是192.168.1.106"如图 6-10 所
示，在被控制端验证消息已经发送
成功。

　还可以查看进程、注册表修
改、远程重启等操作，如图 6-11
所示，就是在对受害机进行进程
查看。

6.2.3　冰河木马的清除过程

　冰河木马的清除过程包括以下四
个步骤。

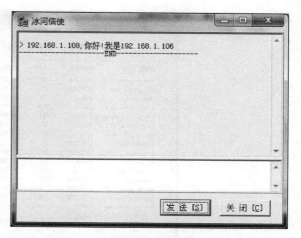

图 6-10　冰河信使

图 6-11　查看进程

　步骤一：结束进程。在任务管理器中结束木马进程 Kernel32. exe，如图 6-12 所示。

　步骤二：删除木马文件。木马通常会隐藏到系统目录下，删除 C：\Windows\System32 下的
Kernel32. exe 和 Sysexplr. exe 文件，如图 6-13 所示。

　步骤三：在注册表中删除木马启动项。木马会在注册表 HKEY_LOCAL_MACHINE \
Software\Microsoft\Windows\CurrentVersion\Run 下扎根，键值为 C：\Windows\System32\
Kernel32. exe，删除该启动项，如图 6-14 所示。

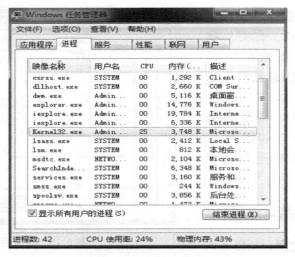

图 6-12　结束进程

图 6-13　删除木马文件

图 6-14　删除木马启动项

步骤四：修改注册表。恢复 txt 文件关联，修改之前 txt 文本无法正常打开，修改注册表
HKEY_CLASSES_ROOT\txtfile\shell\open\command 下的默认值，当前的键值为木马文件的路
径，改为正常的文本关联程序 C：\Windows\notepad.exe %1，以%1 结尾，即可恢复 txt 文
件关联功能，如图 6-15 所示。现在打开 txt 文件，发现已经可以正常打开，至此完成了冰
河木马的手动清除。

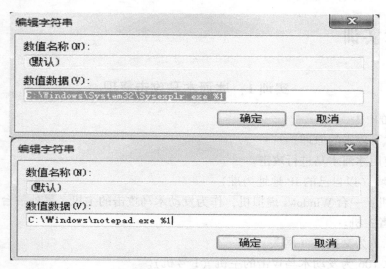

图 6-15　恢复 txt 文件关联

6.2.4　木马的防御

木马的防御主要可以从三个层面进行，即服务端的防御、用户端的防御和安全设备的
防御。

1. 服务端的防御

木马主要是借助第三方进行传播，这里的第三方主要包括含有漏洞的网站、提供上传下
载的站点、邮件服务器等。如果上述服务提供方高度重视网络安全并及时修补各种漏洞，无
疑能够减少木马的传播。

2. 用户端的防御

木马的入侵虽然隐蔽性非常高，但只要大家养成良好的上网习惯，也能从一定程度上减
少中招的概率。

1）不要随意点击陌生人发送的链接、图片、程序，尤其是扩展名为 .exe 的可执行
文件。

2）不要随意浏览一些小网站，不从不正规站点下载文件、软件或者视频。

3）不要下载运行来历不明的邮件附件。将木马放置在邮件附件中这一传播方式相信大
家都有所耳闻，借助邮件内容进行传播的木马更是防不胜防，所以建议大家不轻易下载运行
陌生邮件的附件，甚至在使用安全防护较差的厂商提供的邮件服务时不点击阅读来历不明的
邮件。

4）安装杀毒软件并经常查杀木马。

5）及时安装浏览器和其他常见软件的新版本和补丁。一些木马是借助漏洞进行传播的，及时修复漏洞可以有效防御此种木马。

3. 安全设备的防御

近年来，新的木马一直以"井喷"式的速度出现。面对如此多的木马，对网络安全要求较高的用户可以部署专业的第三方安全设备。

6.3 本章实训

实训1：冰河木马攻击复现

1. 实验目的

1）理解木马攻击的原理。

2）能够使用冰河木马进行攻击。

2. 实验环境（以自己的 IP 地址为准）

一台交换机；一台 Windows 虚拟机，作为发动木马攻击的主机；另外一台 Windows 虚拟机，作为受害者主机。

192.168.1.1 为交换机（网关）。

192.168.1.106 为发动木马攻击的主机（1 号机）。

192.168.1.108 为局域网上某台主机（虚拟机或者同伴主机，2 号机，受害机）。

3. 实验内容

1）1 号机（攻击机）将服务器端程序和其他文件进行绑定，实现隐藏。

2）1 号机（攻击机）将绑定后的病毒文件发给 2 号机（受害机）。

3）2 号机（受害机）在 DOS 状态下输入 netstat -an 命令观察木马服务器运行前服务器端计算机上网络连接情况，可以看到 7626 端口没有开放。

4）2 号机（受害机）运行收到的文件，观察木马服务器端的网络连接情况，可以看到 7626 端口已经开放，说明已经成功在服务器端安装了木马。

5）1 号机（攻击机）在控制端运行客户端程序 G_client.exe。

6）1 号机（攻击机）在控制端添加主机，填写被控制端 IP，也可进行搜索。

7）1 号机（攻击机）通过文件管理器和命令控制台进行木马攻击。

也可以表述为：

1）查看对方机器的文件。

2）查看系统信息。

3）控制屏幕。

4）发送信息。

5）查看进程。

6）鼠标控制。

7）其他控制——桌面隐藏或注册表锁定。

8）系统控制——远程重启。

实训 2：冰河木马的清除

1. 实验目的

1）掌握木马清除原理。

2）能够对冰河木马进行清除。

2. 实验环境（以自己的 IP 地址为准）

一台交换机；一台 Windows 虚拟机，作为发动木马攻击的主机；另外一台 Windows 虚拟机，作为受害者主机。

192. 168. 1. 1 为交换机（网关）。

192. 168. 1. 106 为发动木马攻击的主机（1 号机）。

192. 168. 1. 108 为局域网上某台主机（虚拟机或者同伴主机，2 号机，受害机）。

3. 实验内容

1）删除 C:\Windows\System32 下的 Kernel32. exe 和 Sysexplr. exe 文件，如果无法删除，则需要首先在任务管理器中中断 Kernel32. exe 进程，此时已无法控制被控制端。

2）木马会在注册表 HKEY_LOCAL_MACHINE\Software\Microsoft\Windows\CurrentVersion\Run 下扎根，键值为 C:\Windows\System\Kernel32. exe，删除该启动项。

3）改注册表 HKEY_CLASSES_ROOT\txtfile\shell\open\command 下的默认值，将木马后的 C:\Windows\System32\Sysexplr. exe %1 改为正常情况下的 C:\Windows\notepad. exe %1，即可恢复 txt 文件关联功能。（在此之前文本文件无法正常打开。）

【习　题】

1. 选择题

1）（　　　）是木马病毒名称的前缀。

A. Worm B. Script C. Trojan D. Dropper

2）下列关于计算机木马的说法错误的是（　　　）。

A. 杀毒软件对防止木马病毒泛滥具有重要作用

B. 尽量访问知名网站能减少感染木马的概率

C. Word 文档也会感染木马

D. 只要不访问互联网，就能避免受到木马侵害

3）木马病毒是（　　　）。

A. 宏病毒 B. 引导型病毒

C. 蠕虫病毒 D. 基于客户端/服务端病毒

4）下列有关木马病毒叙述不正确的是（　　　）。

A. 木马病毒就是特洛伊木马病毒的简称

B. 木马病毒也可以叫作后门程序

C. 木马病毒只含有客户端

D. 感染木马病毒后，黑客可以远程控制被感染的计算机

5）木马的服务端运行在（　　　）。

A. 攻击者计算机　　　　　　　　　B. 受害者计算机

6）一个完整的特洛伊木马程序是（　　　）。

A. C/S 模式　　　　　　　　　　　B. B/S 模式

2. 判断题

1）随着网络技术的发展，现在的木马不再具有单一的功能，而是多功能的集合体。
（　　　）

2）把自己的各种密码以文件的形式存放在计算机中又方便又安全。（　　　）

3）特洛伊木马与病毒的重大区别是特洛伊木马不具传染性，它并不能像病毒那样复制
自身，也并不"刻意"地去感染其他文件，它主要通过将自身伪装起来，吸引用户下载执
行。（　　　）

4）木马最显著的特征就是隐蔽性，并不会在被控者桌面显示，被控者很难发
现。（　　　）

第7章

病毒入侵

 学习目标

1. 掌握计算机病毒的定义
2. 了解计算机病毒的特点和分类
3. 掌握熊猫专杀工具的编写方法
4. 掌握如何分析磁碟机病毒
5. 掌握如何手动清除磁碟机病毒

2017 年利用永恒之蓝漏洞进行传播的 WannaCry 病毒是否还让你历历在目呢？2017 年 5 月 12 日，WannaCry 蠕虫病毒通过 MS17-010 漏洞在全球范围大爆发，感染了大量的计算机，该病毒感染计算机后会向计算机中植入敲诈者病毒，导致计算机大量文件被加密。受害者计算机被黑客锁定后，病毒会提示支付价值相当于 300 美元的比特币才可解锁。

2017 年 5 月 12 日晚，中国部分高校学生反映计算机被病毒攻击，文档被加密。病毒疑似通过校园网传播。随后，山东大学、南昌大学、广西师范大学、东北财经大学等十几家高校发布通知，提醒师生注意防范。除了教育网、校园网以外，新浪微博上不少用户反馈，北京、上海、天津等多地的出入境、派出所等公安网也疑似遭遇了病毒袭击。5 月 13 日，包括北京、上海、杭州、重庆、成都和南京等多地中石油旗下的加油站在当天凌晨突然断网，因断网无法刷银行卡及使用网络支付，只能使用现金。2018 年 8 月 3 日，台积电遭遇到勒索病毒 WannaCry 入侵，导致台积电厂区全线停摆。

计算机病毒在人们身边上演着，如影随形。本章将介绍计算机病毒的相关知识，包括计算机病毒的定义、计算机病毒的特点和分类、计算机病毒的典型案例等。

7.1 计算机病毒概述

7.1.1 计算机病毒的定义

《中华人民共和国计算机信息系统安全保护条例》中有明确的定义：计算机病毒指编制或在计算机程序中插入的破坏计算机功能或者破坏数据，影响计算机使用并且能够自我复制的一组计算机指令或者程序代码。它跟 SARS 病毒、新型冠状病毒和 HIV 等生物病毒有何异同呢？它们主要类似的特点就是破坏性和自我复制功能。

计算机病毒可以像生物病毒一样进行繁殖，当程序正常运行时，它也会进行自身复制。是否具有繁殖、感染的特征是判断某段程序是否为计算机病毒的首要条件。计算机病毒可以

通过各种可能的渠道，如可移动存储介质、计算机网络去传染其他的计算机。当在一台机器上发现病毒时，往往曾在这台计算机上用过的 U 盘已感染上了病毒，而与这台机器连网的其他计算机可能也被该病毒感染。

要彻底解决病毒带来的安全威胁，除了计算机本地的查杀以外，必须切断病毒的传播途径，严防病毒的传播。随着计算机病毒的发展，只要是能够进行数据交换的介质都有可能成为计算机病毒的传播途径。就目前比较流行的病毒传播行为分析，传播途径主要有两种：一种是通过网络传播，另一种是通过移动硬件设备传播。由于互联网的普及性及全球互连互通属性，网络传播是现代病毒几乎不可缺少的传播途径。网民们在收发电子邮件、浏览网页、下载软件、使用即时通信软件聊天、进行网络游戏时，都有可能感染并传播病毒。网络连接的频繁性与广泛性，已被病毒充分利用，使其成为病毒防治的重要区域。

病毒的传播途径多种多样，基于社会工程学的电子邮件、网页及 P2P 文件共享较为常见。比较直接的方式是，病毒传播者将病毒放在电子邮件中寄给受害者，引诱受害者打开电子邮件中的带病毒 exe 文件而感染病毒，或者通过 P2P 共享或网页链接的方式欺骗受害者打开病毒文件。对于安全意识较好的用户，这些伎俩均难以得逞。但是如果病毒具有可通过漏洞进行传播的能力，而用户系统没有针对病毒攻击的目标漏洞采取防护措施，用户系统将可能在不做任何操作的情况下被病毒感染。

常见的病毒利用漏洞传播的方式有如下几种。

1. 利用网站漏洞进行网页挂马

通过对网站漏洞的利用，黑客可以将病毒植入到访问量比较大的网站，用户访问这些网站即被病毒感染。很多比较大的门户网站也发生过被挂马的事件。这种方式利用了网站的影响力及用户对常用网站基于信任的权限设置，大大增加了病毒感染数量。病毒传播者要利用网站漏洞进行网页挂马传播病毒，必须要获取对站点文件的修改权限，而获取该站点的WebShell（网站的后门工具，对服务器有某种程度上的操作权限）是最普遍的做法。可供病毒传播者实施的攻击手段比较多，比如注入漏洞、跨站漏洞、旁注漏洞、上传漏洞和系统漏洞都可被利用。对于这种病毒传播方式，主要靠网站及时修补漏洞、部署 IPS 等来防御，网站用户安装杀毒软件和即时更新浏览器相关补丁也是必不可少的措施。

2. 利用应用程序漏洞传播病毒

很多常用的办公软件如微软 Office 家族及 Adobe 的 Acrobat/Reader 系列，由于功能强大、实现复杂，基本每月均会报出新的漏洞，而这些漏洞均有可能被病毒传播者利用。网页浏览中最常用的 Flash 播放器插件 Adobe Flash Player 也是曾经的漏洞大户，理所当然成为病毒传播者比较重视的传播途径。事实上，国内许多口碑不错的应用软件也已经成为病毒传播者的目标。越来越多的黑客已经把目光从系统漏洞转向第三方应用程序漏洞来达到不法目的，主要原因是应用软件厂商的安全响应速度不及系统软件厂商快，并且应用软件用户群的安全意识和安全知识普遍不够。

3. 利用系统漏洞传播病毒

这里说的系统漏洞是指操作系统及其周边基础服务软件的漏洞。这类漏洞的特点是影响范围广且危害巨大，WannaCry 蠕虫病毒就是通过 MS17-010 漏洞在全球范围大爆发。

随着新漏洞不断地被挖掘出来，利用这些新漏洞的病毒也不断地被编写出来，由于病毒的传播特性，漏洞的危害被成倍地放大，成为几乎所有 IT 用户的巨大威胁。

7.1.2　计算机病毒的特点

1959 年，在美国电话电报公司的贝尔实验室中，三个年轻程序员在闲暇之余，想出一种电子游戏叫作"磁芯大战"。游戏中通过复制自身来摆脱对方的控制，这可能是所谓计算机病毒的雏形。

1987 年，第一个计算机病毒诞生了——它就是大家所熟知的 C-BRAIN。该病毒程序由一对巴基斯坦兄弟所写，他们在当地经营一家贩卖个人计算机的商店，由于当地盗拷软件的风气非常盛行，因此他们的主要目的是为了防止他们的软件被任意盗拷。只要有人盗拷他们的软件，C-BRAIN 就会发作，将盗拷者的剩余硬盘空间给"吃掉"。一般而言，业界都公认这是真正具备完整特征的计算机病毒始祖。

在国内，1988 年的小球病毒是新中国成立以来发现的第一个计算机病毒。其发作条件是当系统时钟处于半点或整点，而系统又在进行读盘操作时。发作时屏幕出现一个活蹦乱跳的小圆点作斜线运动，当碰到屏幕边沿或者文字时就立刻反弹，碰到的文字。英文会被整个削去，中文会被半个或整个削去，也可能留下制表符乱码。

计算机病毒具有以下特点。

1. 隐蔽性

计算机病毒具有隐蔽性的特点，计算机病毒通常会以人们熟悉的形式存在。有些病毒名称往往会被命名为类似的系统文件名，比如假 IE 图标 Internet Explorer。还有一些病毒被设计成病毒修复程序，诱导用户使用，进而实现病毒植入，入侵计算机。

2. 破坏性

病毒入侵计算机，往往具有极大的破坏性，能够破坏数据信息，甚至造成大面积的计算机瘫痪，对计算机用户造成较大损失。

3. 传染性

计算机病毒的一大特征是传染性，能够通过 U 盘、网络等途径入侵计算机。在入侵之后，往往可以实现病毒扩散，感染未感染的计算机，进而造成大面积瘫痪等事故。随着网络信息技术的不断发展，在短时间内，病毒能够实现较大范围的恶意入侵。

4. 寄生性

计算机病毒需要在宿主中寄生才能生存，才能更好地发挥其功能，破坏宿主的正常机能。

5. 可执行性

计算机病毒与其他合法程序一样，是一段可执行程序，但它不是一个完整的程序，而是寄生在其他可执行程序上，因此它享有一切程序所能得到的权力。

6. 可触发性

可触发性是指因某个事件或数值的出现，诱使病毒实施感染或进行攻击的特征。比如著名的"黑色星期五"病毒在每月固定的时间才发作。

7.1.3　计算机病毒的分类

计算机病毒有以下三种不同的分类标准。

1. 按照破坏性分类

按照破坏性分类，计算机病毒可分为良性病毒和恶性病毒。与生物学的良性病毒一样，计算机中的良性病毒是指那些只表现自己而不破坏系统数据的病毒。良性病毒在发作时，仅占用 CPU 的时间，进行与当前执行程序无关的事件来干扰系统工作，比如小球病毒。恶性病毒的目的在于人为地破坏计算机系统的数据，删除文件并对硬盘进行格式化，或者对系统数据进行修改，这样的病毒所造成的危害具有较大的破坏性。

2. 按照依附的媒体类型分类

按照依附的媒体类型分类，计算机病毒可分为网络病毒、文件病毒和引导型病毒。网络病毒是通过计算机网络感染可执行文件的计算机病毒。文件病毒是主攻计算机内文件的病毒，文件病毒一般是通过操作系统中的文件系统进行感染的病毒。这类病毒大多寄生在可执行文件上，使文件字节数变大，劫持启动主程序的可执行指令，跳转到自身的运行指令。一旦运行感染了病毒的程序文件，病毒便被激发，进行自我复制。引导型病毒是指寄生在磁盘引导区或主引导区的计算机病毒。

3. 按照卡巴斯基 SafeStream 病毒库的分类标准分类

按照卡巴斯基 SafeStream 病毒库的分类标准，按病毒特征可分为五类：Network Worms（网络蠕虫）、Classic Viruses（典型病毒）、Trojan Programs（木马程序）、MalWare-Related Program（灰色软件）和 Other MalWare（其他恶意程序）。具体的分类如表 7-1 所示。

表 7-1 卡巴斯基 SafeStream 病毒库的分类标准

分类	子类型
Network Worms（网络蠕虫，如冲击波、尼姆达、红色代码等）	Worm
	Email-Worm
	IM-Worm
	IRC-Worm
	P2P-Worm
	Net-Worm
Classic Viruses（典型病毒，如 CIH 病毒、灰鸽子、宏病毒等）	Virus
	Macro
Trojan Programs（木马程序，如下载器木马、QQ 木马等）	Trojan
	Backdoor
	Rootkit
	Trojan-AOL
	Trojan-ArcBomb
	Trojan-Clicker
	Trojan-Downloader
	Trojan-Dropper
	Trojan-Notifier
	Trojan-Proxy
	Trojan-PSW
	Trojan-Spy

（续）

分类	子类型
MalWare-Related Program（灰色软件，如下载器、服务器软件和广告软件等）	BadJoke
	Client-IRC
	Dialer
	Downloader
	Porn-Dialer
	Porn-Downloader
	Porn-Tool
	PSWTool
	RemoteAdmin
	Server-FTP
	Server-Proxy
	Server-Telnet
	Server-Web
	Hoax
Other Malware（其他恶意程序，如 DOS 工具、溢出工具等）	Constructor
	DOS
	Flooder
	Exploit
	HackTool
	Nuker

7.1.4　计算机病毒的典型案例

案例一：CIH 病毒。

1998 年，CIH 病毒由一位大学生所编写。CIH 病毒现已被认定是首例能够破坏计算机系统硬件的病毒，同时也是最具杀伤力的恶性病毒。到了每年的 4 月 26 日，病毒发作，无数垃圾文件会覆盖硬盘，BIOS 被破坏，计算机无法再启动。这个破坏狂病毒被称为"迄今为止危害最大的病毒"，它让人们感受到计算机病毒的恐怖，因此 4 月 26 日也被定为"世界计算机病毒日"。

案例二：熊猫烧香病毒。

相信在 2006～2007 年年初使用计算机的人都会记得一个名为"熊猫烧香"的病毒，一只熊猫三炷香，憨态可掬确是歹毒至极。2007 年 1 月初该病毒开始肆虐网络，它主要通过下载的文件传染，对计算机程序、系统破坏严重。在短短的两个多月时间，该病毒不断入侵个人计算机，给上百万个人用户、网吧及企业局域网用户带来无法估量的损失。

案例三：震网病毒。

震网是一种 Windows 平台上的计算机蠕虫病毒。震网蠕虫病毒是世界上首个专门针对工业控制系统编写的破坏性病毒，能够利用 Windows 系统和西门子系统的 7 个漏洞进行攻击。

案例四：Bad Rabbit。

2017 年 10 月，一种新型勒索病毒 Bad Rabbit 在东欧地区传播，俄罗斯、乌克兰等多个东欧国家遭受到 Bad Rabbit 勒索病毒的侵袭，政府、交通、新闻等 200 多家机构受到不同程度的感染和破坏。

一旦计算机受到 Bad Rabbit 感染，就会被定向到一个隐蔽网站，同时要求受害者支付 0.05 个比特币的赎金，约合人民币 1858 元。如果受攻击目标在 40 个小时之内没有支付赎金，黑客就会不断提高赎金的数额，同时通过黑色背景红色文字的显眼方式不断进行提醒。

案例五：梅利莎病毒。

1999 年，梅利莎病毒通过微软的 Outlook 电子邮件，向用户通信簿名单中的 50 位联系人发送邮件来传播自身。该邮件包含以下这句话："这就是你请求的文档，不要给别人看"，此外夹带一个 Word 文档附件。而单击这个文件，就会使病毒感染主机并且重复自我复制。

案例六：冲击波病毒。

冲击波病毒是利用在 2003 年 7 月 21 日公布的 RPC 漏洞进行传播的，该病毒于当年 8 月爆发。它会使系统操作异常、不停重启，甚至导致系统崩溃。另外该病毒还有很强的自我防卫能力，它还会对微软的一个升级网站进行拒绝服务攻击，导致该网站堵塞，使用户无法通过该网站升级系统。

案例七：爱虫病毒。

爱虫病毒是通过 Outlook 电子邮件系统传播的，邮件主题为"I Love You"，包含附件"Love-Letter-for-you.txt.vbs"。打开病毒附件后，该病毒会自动向通信簿中的所有电子邮件地址发送病毒邮件副本，阻塞邮件服务器，同时还感染扩展名为 .vbs、.jpg、.mp3 等 12 种数据文件。

案例八：红色代码病毒。

红色代码病毒是一种计算机蠕虫病毒，能够通过网络服务器和互联网进行传播。2001 年 7 月 13 日，红色代码从网络服务器上传播开来。被它感染后，遭受攻击的主机所控制的网络站点上会显示这样的信息："你好！欢迎光临 www.worm.com！"。随后病毒便会主动寻找其他易受攻击的主机进行感染。

7.2 熊猫烧香案例分析

7.2.1 蠕虫病毒概述

蠕虫病毒是一种可以自我复制的代码，并且通过网络传播，通常无须人为干预就能传播。蠕虫病毒入侵并完全控制一台计算机之后，就会把这台机器作为宿主，进而扫描并感染其他计算机。当这些新的被蠕虫病毒入侵的计算机被控制之后，蠕虫病毒会以这些计算机为宿主继续扫描并感染其他计算机，这种行为会一直延续下去。蠕虫病毒使用这种递归的方法进行传播，按照指数增长的规律分布自己，进而控制越来越多的计算机。

蠕虫病毒是专门通过网络传播的病毒，它不需要像文件型病毒那样将其自身附着到宿主程序。这类型病毒一般会利用网络中计算机系统的漏洞进行传播，无须计算机使用者干预，能够自主地不断复制与传播。蠕虫病毒通过网络复制，传播速度极快，有可能会造成网络拥塞瘫痪。普通文件型病毒和木马病毒对于没有任何操作的机器是无法对其进行感染的，而蠕虫病毒则不同。它最大的特点是不依赖于宿主程序的运行就可以实现自主传播，对用户是透明的。

蠕虫病毒的特点如下。

1）独立性。蠕虫病毒不需要宿主程序，它是一段独立的程序或代码，因此也就避免了受宿主程序的牵制，可以不依赖宿主程序而独立运行，从而主动地实施攻击。

2）利用漏洞主动攻击。由于不受宿主程序的限制，蠕虫病毒可以利用操作系统的各种漏洞进行主动攻击。例如，WannaCry 蠕虫病毒通过 MS17-010 漏洞在全球范围大爆发。

3）传播更快更广。蠕虫病毒比传统病毒具有更大的传染性，它不仅感染本地计算机，而且会以本地计算机为基础，感染网络中所有的服务器和客户端。

蠕虫病毒的特点决定了它只能通过网络来进行传播，传播过程中都是利用目标系统上存在的一些弱点或漏洞来进行的。

从对以往爆发的蠕虫病毒数据分析来看，这些蠕虫病毒主要通过目标系统上操作系统或应用软件的漏洞来进行传播，与此同时，也可能夹杂着弱口令猜解等一些方法。所以，为系统和软件及时打补丁和设置高复杂度口令是防范蠕虫病毒的重要措施。

一般来说，当蠕虫病毒感染系统之后，会对被攻击系统产生如下影响。

1）以某种方式实现病毒自身的自启动，如添加注册表自启动项、把自己注册成服务等。

2）病毒把自身转移到系统目录下。系统目录下文件众多且非常重要，不容易被发现。

3）开启双进程保护，如果其中有一个进程被清除，另一个进程马上创建一个新进程，两个进程互做保护。

4）下载更多的病毒文件并运行。

5）连接特定地址或自身开启特定端口，与攻击者的主机进行通信。

6）扫描网络上的其他计算机，继续传播自身。

7）系统反应变慢，程序有异常报错。

8）关闭机器上的杀毒软件、修改防火墙配置。

利用计算机系统漏洞进行传播的蠕虫病毒是传播速度最快的，如果仅在本地主机上进行查杀，工作量很大而且相当困难。只有在网络层面进行防治，才能够有效地隔离蠕虫病毒的传播。

蠕虫病毒是一种不请自来的病毒，用户在平时使用计算机时仅凭多加注意是不够的，最有效也是最根本的防范方法就是对系统及时打好补丁、设置高复杂度口令、去掉不必要的共享，以阻断蠕虫病毒传播的通道。

7.2.2　熊猫烧香病毒分析

熊猫烧香病毒又称"尼姆亚"或"武汉男生"，其变种又称"金猪报喜"，此病毒能终止大量反病毒软件和防火墙的运行，最明显的标志是系统中出现大量的熊猫烧香图标，或者重新启动后无法进入系统。此病毒能感染 . exe、. com、. pif、. html、. asp、. src 等计算机系统常用文件，造成系统核心程序加载失败，并删除 Ghost 备份文件，还能在各个磁盘盘符生成自动运行文件 autorun. inf，从而进行 U 盘传播。熊猫烧香能够感染的系统是当时所有的Windows 系列系统，包括 Windows9X、Windows2000、WindowsXP、Windows2003、Vista。

熊猫烧香病毒是 2006 年 10 月由湖北武汉李俊编写并在互联网上流行的蠕虫病毒。熊猫烧香病毒感染力、破坏力极强，特别是熊猫烧香病毒的变种已经远远超过原作者李俊的控制，并给国内众多用户带来不可挽回的损失。2007 年湖北省公安机关抓捕李俊，并抓获熊猫烧香病毒的变种制作者雷磊、王磊、张顺。

下面观察熊猫烧香病毒的现象，实验环境为 WindowsXP 虚拟机，虚拟机处于断网状态，首先运行熊猫烧香病毒样本。运行病毒样本后，观察病毒的典型现象。

现象一：感染文件。病毒会感染扩展名为 .exe、.pif、.com、.src 的文件，把自己附加到文件的头部，可以看到 C 盘中多个 .exe 文件已经被感染，如图 7-1 所示。

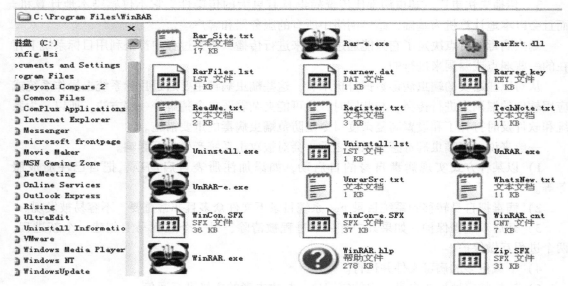

图 7-1　感染文件

现象二：复制文件。病毒运行后，会把自己复制到 C：\ Windows \ System32 \ Drivers \ spo0lsv.exe，病毒与系统正常文件 spoolsv.exe 文件名非常相似，如图 7-2 所示。

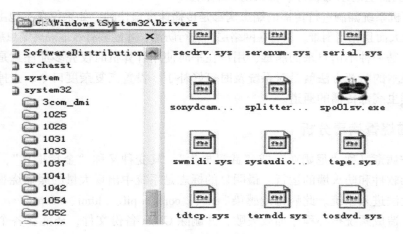

图 7-2　复制病毒文件

现象三：添加注册表自启动项。运行狙剑，在自启动程序中看到，病毒会添加自启动项

C：\ Windows \ System32 \ Drivers \ spo0lsv. exe 到注册表的［HKEY_ CURRENT_ USER \ Software \ Microsoft \ Windows \ CurrentVersion \ Run］中，如图 7-3 所示。

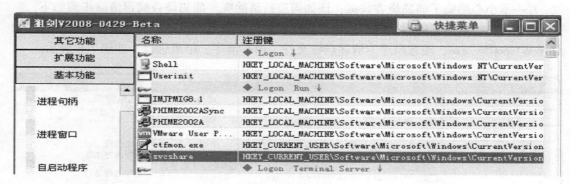

图 7-3　添加注册表自启动项

现象四：禁用安全工具。病毒会禁用杀毒软件、IceSword、注册表、任务管理器等工具，此时杀毒软件自动退出，双击 IceSword 等工具，无法启动。

现象五：U 盘传播。在各分区根目录生成病毒副本，用于 U 盘传播，如图 7-4 所示。

图 7-4　U 盘传播

现象六：显示隐藏文件异常。隐藏文件和文件夹为二选一的选项，都没有选中，如图 7-5 所示。

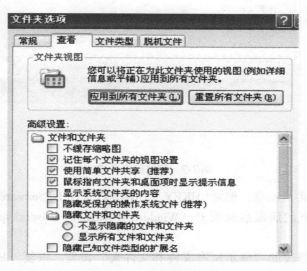

图 7-5　显示隐藏文件异常

109

7.2.3　熊猫烧香病毒清除

万一不小心感染了熊猫烧香病毒，该如何进行清除呢？熊猫烧香病毒清除步骤如下。

步骤一：结束病毒进程。启动狙剑，在进程管理中结束病毒进程：C：\Windows\System32 \Drivers\spo0lsv.exe，注意顺序为清除病毒文件，内存清零，结束进程，如图7-6所示。

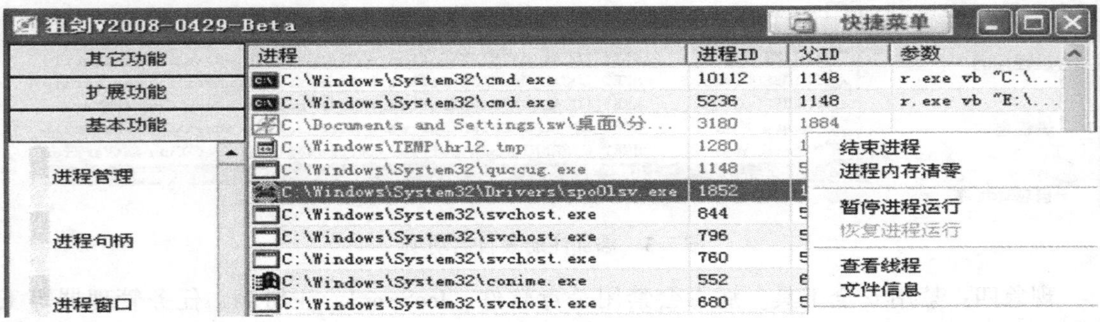

图7-6　结束病毒进程

步骤二：删除病毒文件。退出狙剑，此时冰刃可以启动，删除所有分区盘符根目录下的病毒文件：setup.exe 和 autorun.inf，如图7-7所示。

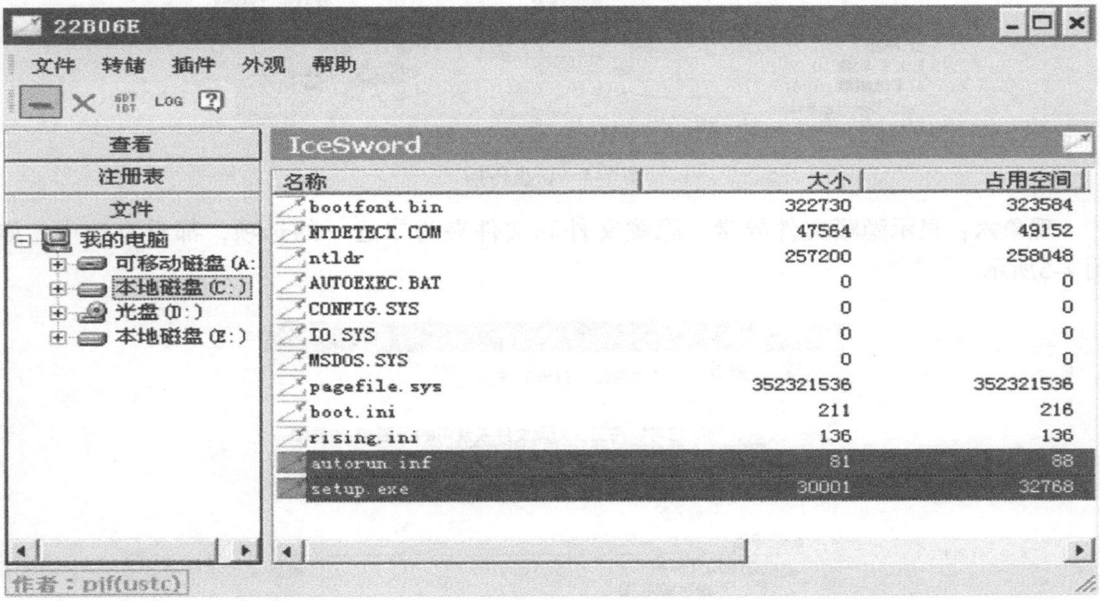

图7-7　删除病毒文件

步骤三：删除病毒启动项。删除［HKEY_CURRENT_USER\Software\Microsoft\Windows\ CurrentVersion\Run］下的病毒启动项 C：\Windows\System32\Drivers\spo0lsv.exe，如图7-8 所示。

步骤四：恢复被修改的"显示所有文件和文件夹"设置。恢复［HKEY_ LOCAL_ MA-CHINE \ Softwart \ Microsoft \ Windows \ CurrentVersion \ Explorer \ Advanced \ Folder \ Hidden \

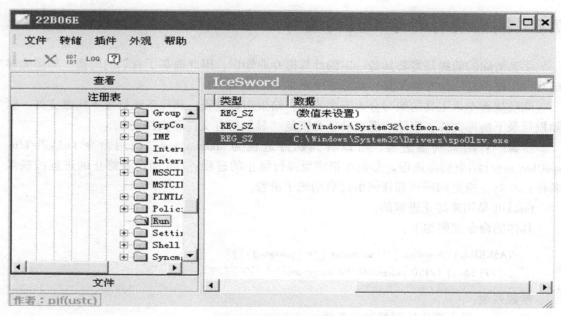

图 7-8　删除病毒启动项

SHOWALL] 中子键 "CheckedValue" 的值为 1，修改后文件夹选项恢复正常，如图 7-9 所示。

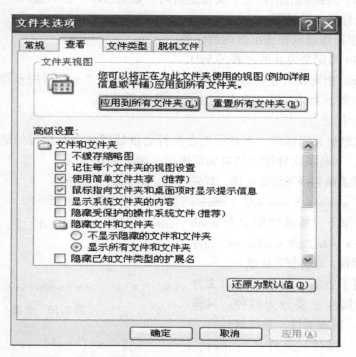

图 7-9　恢复被修改的 "显示所有文件和文件夹" 设置

　　步骤五：重新安装被感染的软件，不要卸载被感染的软件，因为卸载程序也被感染，重新安装可对源程序进行覆盖。

7.3 熊猫烧香专杀工具的编写

手动清除的前提是需要具备一定的计算机专业知识，因此提高了查杀的门槛。如果能够编写一个简单易用的专杀工具，就能方便更多人的使用。

熊猫烧香专杀工具的编写分为五个步骤：结束病毒进程、删除系统目录下病毒文件、删除根目录下病毒文件、删除病毒启动项和恢复"显示所有文件和文件夹"。

步骤一：结束病毒进程。可以看到病毒进程为 spo0lsv.exe，使用命令 taskkill/f/im spo0lsv.exe/t 结束病毒进程。参数/f 指定要强行终止的进程；/im 指定要终止的进程的映像名称；/t 终止指定的进程和任何由此启动的子进程。

taskkill 是用来终止进程的。

具体的命令规则如下：

> TASKKILL [/S system [/U username [/P [password]]]]
> { [/FI filter] [/PID processid|/IM imagename] } [/F] [/T]

参数列表：

/S system 指定要连接到的远程系统。

/U username 指定应该在哪个用户上下文执行这个命令。

/P [password] 为提供的用户上下文指定密码。如果忽略，提示输入。

/F 指定要强行终止的进程。

/FI filter 指定筛选进或筛选出查询的任务。

/PID processid 指定要终止的进程的 PID。

/IM imagename 指定要终止的进程的映像名称。通配符"＊"可用来指定所有映像名。

/T Tree kill：终止指定的进程和任何由此启动的子进程。

/? 显示帮助/用法。

echo off 的意思是关闭回显，不显示正在执行的批处理命令及执行的结果。将该文件保存为批处理文件，运行该文件即可结束病毒进程，如图 7-10 所示。

步骤二：删除系统目录下病毒文件。首先使用命令 cd c：\ windows \ system32 \ drivers 跳转到 drivers 目录下，然后使用命令 attrib spo0lsv.exe －a －s －h 去除 spo0lsv.exe 的存档、系统和隐藏属性，以方便后续删除。

attrib 命令用了查看、修改、去除文件的属性（文件的属性主要分为四种：只读属性、存档属性、隐藏属性、系统属性）。

图 7-10 专杀 1

attrib[盘符：][路径][文件名][＋r][－r][＋a][－a][＋s][－s][＋h][－h][/s][/d][/?]

参数说明：

＋r 设置只读属性。

－r 取消只读属性。

＋a 设置存档属性。

－a 取消存档属性。

＋s 设置系统属性。

－s 取消系统属性。

＋h 设置隐藏属性。

－h 取消隐藏属性。

/s 显示目录下所有文件的属性。

/d 将 attrib 和任意命令行选项应用到目录。

然后使用命令 del/s/q/f spo0lsv. exe 删除病毒文件,参数/s 含义是从当前目录及其所有子目录中删除指定文件;/q 是指定静音状态,不提示确认删除;/f 强制删除只读文件。运行该文件后,病毒文件 spo0lsv. exe 被删除。

del 是用来删除指定文件的。

具体的命令规则如下:

del [Drive:][Path]FileName[...][/p] [/f] [/s] [/q] [/a[:attributes]]

参数:

[Drive:] [Path] FileName 指定要删除的文件或文件集的位置和名称。可以使用多个文件名,可以用空格、逗号或分号分开文件名。

/p 提示确认是否删除指定的文件。

/f 强制删除只读文件(补充:del 只是删除文件,如要删除文件夹用 rd)。

/s 从当前目录及其所有子目录中删除指定文件,显示正在被删除的文件名。

/q 指定静音状态,不提示确认删除。

/a 根据指定的属性删除文件。

将该文件保存为批处理文件,运行该文件后,病毒文件 spo0lsv. exe 被删除,如图 7-11 所示。

步骤三:删除根目录下病毒文件。首先删除 C 盘根目录下病毒文件 setup. exe 和 autorun. inf,使用命令 cd c: \ 跳转到 C 盘根目录,使用命令 attrib setup. exe － a － h － s 和 attrib autorun. inf － a － h － s 去除病毒文件的存档、系统和隐藏属性,使用命令 del/s/q/fsetup. exe 和 del/s/q/fautorun. inf 强制删除病毒文件。这类似删除其他盘符根目录下

图 7-11 专杀 2

的病毒文件,如 E 盘根目录下的病毒文件。运行该文件后,磁盘根目录下病毒文件被删除,如图 7-12 所示。

步骤四:删除病毒启动项。病毒启动项的位置在 HKCU \ Software \ Microsoft \ Windows \ CurrentVersion \ Run 下面的 svcshare,所以使用命令 reg delete   HKCU \ Software \ Microsoft \ Windows \ CurrentVersion \ Run/v "svcshare"/f 删除病毒启动项。参数/v 指删除子项下的特定

项，后面接该项名称；/f 指无须请求确认而删除现有的注册表子项或项。运行该文件后，病毒启动项被删除，如图 7-13 所示。

图 7-12　专杀 3

图 7-13　专杀 4

步骤五：恢复"显示所有文件和文件夹"。目前显示隐藏文件和文件夹无法正常选中，首先使用命令 reg delete HKLM\Software\Microsoft\Windows\CurrentVersion\Explorer\Advanced\Folder\Hidden\SHOWALL /v "CheckedValue"/f 删除注册表中的项 CheckedValue，然后使用命令 reg add HKLM\Software\Microsoft\Windows\CurrentVersion \Explorer\Advanced\Folder\Hidden\SHOWALL /v "CheckedValue" /t "REG_DWORD" /d "1" /f 将 CheckedValue 的值改为 1。参数/v 后面接所选项之下要添加的项名；/t 指项的数据类型；/d 接要分配给注册表项的数据。运行该文件后，Checked 数值已经修改，显示所有文件和文件夹恢复正常，如图 7-14 所示。

图 7-14　专杀 5

将上述五个批处理文件合并到一个批处理文件，即熊猫烧香专杀工具。

7.4　磁碟机病毒案例分析

7.4.1　磁碟机病毒分析

磁碟机病毒又名 dummycom 病毒，是传播最迅速、变种最快、破坏力最强的病毒。据 360 安全中心统计，每日感染磁碟机病毒的计算机超百万台。"磁碟机"已经出现 100 余个变种，病毒造成的危害及损失 10 倍于"熊猫烧香"。

磁碟机病毒并不是一个新病毒，早在 2007 年 2 月时，就已经初现端倪。当时它仅仅作为一种蠕虫病毒，成为所有反病毒工作者的关注目标。而当时这种病毒的行为，也仅仅局限于在系统目录 System32 \ Com 中生成 lsass. exe 和 smss. exe，感染用户计算机上的 . exe 文件。病毒在此时的传播量和处理的技术难度都不大。

磁碟机病毒主要有三种传播手段：

1）在网站上挂马，在用户访问一些不安全的网站时，就会被植入病毒。

2）通过 U 盘等移动存储的 Autorun 传播，染毒的机器会在每个分区根目录下释放 autorun. inf 和 pagefile. pif 两个文件，达到自动运行的目的。

3）局域网内的 ARP 传播方式，磁碟机病毒会下载其他的 ARP 病毒，并利用 ARP 病毒传播的隐蔽性在局域网内传播。值得注意的是：病毒之间相互利用、狼狈为奸已经成为现在流行的一个主要趋势。

运行病毒样本后，观察病毒的典型现象。

现象一：某些常用安全软件打不开，打开后立即被关闭，或者打开后有被"分尸"的现象，这是由于病毒不断向这些软件发送垃圾消息导致它们不能响应正常的用户指令，如图 7-15 所示。

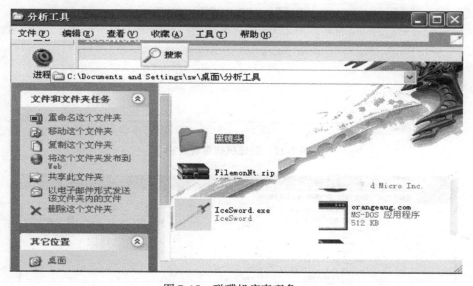

图 7-15　磁碟机病毒现象一

现象二：病毒运行后，在系统文件夹 C：\Windows\System32\Com\中生成病毒文件，可以使用 RAR 软件查看。生成的病毒文件有 C：\Windows\System32\Com\lsass. exe，C：\Windows\System32\Com\netcfg. 000，C：\Windows\System32\Com\netcfg. dll，C：\Windows\System32\Com\smss. exe，如图 7-16 所示。

现象三：病毒在每个硬盘分区根目录下生成的 autorun. inf 和 pagefile. pif 是以独占方式打开的，无法直接删除，如图 7-17 所示。

现象四：阻止其他安全软件随机启动，病毒删除注册表 HKLM 下的整个 RUN 项和子键，如图 7-18 所示。

图 7-16　磁碟机病毒现象二

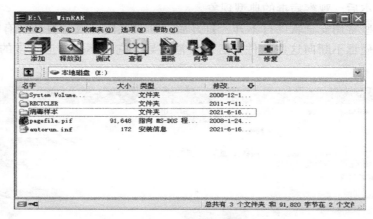

图 7-17　磁碟机病毒现象三

图 7-18　磁碟机病毒现象四

现象五：破坏安全策略，病毒删除注册表 HKLM\SoftWare\Policies\Microsoft\Windows\ Safer 键和子键，如图 7-19 所示。

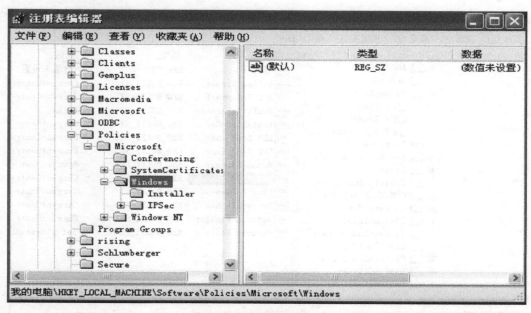

图 7-19 磁碟机病毒现象五

现象六：破坏文件的显示方式，病毒修改注册表，使得文件夹选项的隐藏属性被修改，隐藏文件无法显示，逃避被用户手动删除的可能，如图 7-20 所示，左边是磁碟机病毒对文件夹选项的影响，右边为正常的文件夹选项。

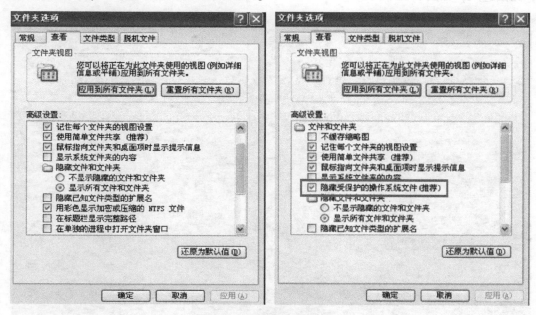

图 7-20 磁碟机病毒现象六

现象七：病毒通过重启重命名方式加载，位于注册表 HKEY_LOCAL_MACHINE\

SYSTEM\ControlSet001\Control\BackupRestore\KeysNotToRestore 下的 Pending Rename Opera-
tions 字串，如图 7-21 所示。

图 7-21　磁碟机病毒现象七

现象八：破坏安全模式，病毒会删除注册表中和安全模式相关的值，使得安全模式被破
坏，无法进入，如图 7-22 所示。

图 7-22　磁碟机病毒现象八

7.4.2　磁碟机病毒清除

万一不小心感染了磁碟机病毒，该如何清除呢？下面介绍清除磁碟机病毒的步骤。

步骤一：进入注册表，首先删除重启重命名功能，把 HKEY_LOCAL_MACHINE\SYS-TEM\ControlSet001\Control\BackupRestore\KeysNotToRestore 下的 Pending Rename Operations 值删除，让病毒的重启重命名功能失效，如图 7-23 所示。

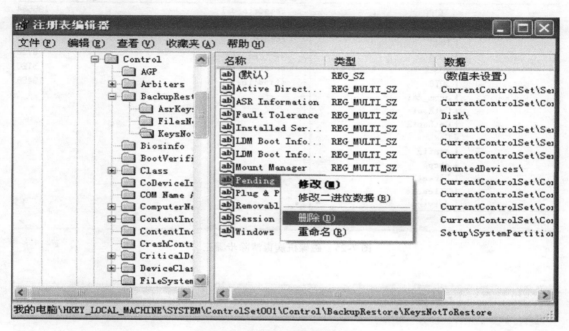

图 7-23　磁碟机病毒清除步骤一

步骤二：然后再把机器断电或异常重启。在虚拟机中，可以直接进行断电，如图 7-24 所示。

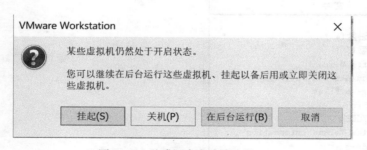

图 7-24　磁碟机病毒清除步骤二

步骤三：异常重启后，冰刃可以正常使用，在冰刃中删除系统目录 Windows\System32\Com 下的病毒文件，如图 7-25 所示。

步骤四：删除所有磁盘根目录下的病毒文件：pagefile.exe 和 autorun.inf，如图 7-26 所示。

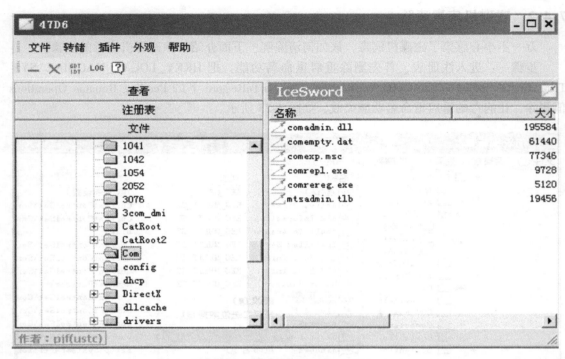

图 7-25　磁碟机病毒清除步骤三

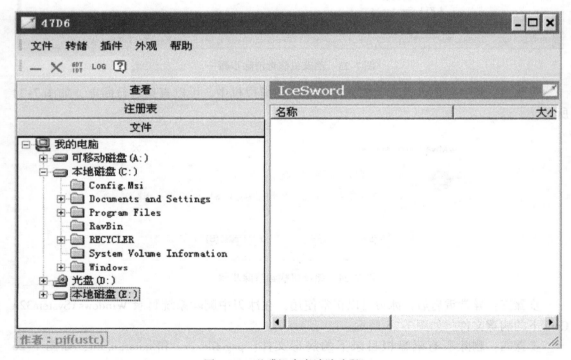

图 7-26　磁碟机病毒清除步骤四

步骤五：恢复显示隐藏文件中的"隐藏受保护的操作系统文件（推荐）"，在注册表 LOCAL_MACHINE \ Software \ Microsoft \ Windows \ CurrentVersion \ Explorer \ Advanced \ Folder \ SuperHidden中的 Type 一项之前被病毒修改为 Radio，将其修改为正常的 checkbox，如图7-27 所示。

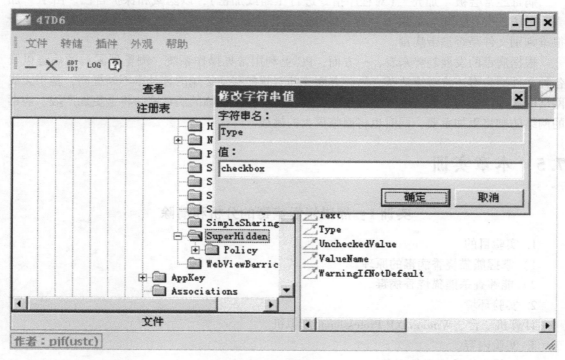

图 7-27　磁碟机病毒清除步骤五

步骤六：无法进入安全模式的修复，可以使用网上下载的修复安全模式的 reg 文件进行修复，修复后安全模式可以进入。

计算机病毒自诞生之日起，就伴随着计算机技术的发展而发展。从 20 世纪 80 年代的"小球""石头"病毒起至今，计算机使用者都在和计算机病毒斗争，也创造了各种防病毒产品和方案。但是随着互联网技术的发展以及 E - mail 和一批网络工具的出现，在改变人类信息传播方式的同时也使计算机病毒的种类迅速增加，扩散速度也大大加快，计算机病毒的传播方式迅速突破地域的限制，由以往的单机之间的介质传染转换为网络系统间的传播。现在，计算机病毒已经可以通过移动磁盘、光盘、局域网、网页浏览、E - mail、FTP 下载等多种方式传播。

近年来，计算机病毒呈现出新的变化趋势，各种病毒制作工具也日益泛滥，病毒制作的分工也更加明细化和程序化，计算机病毒制造者开始按照既定的病毒制作流程制作病毒。计算机病毒的制造进入了"机械化"时代。据国际计算机安全协会（ICSA）统计，现在每天有超过 20 种新计算机病毒出现。同时，计算机病毒也逐渐以追求个人利益为目标，如目前流行的间谍软件、网游盗号木马、远程控制木马等，其目的就是通过网络在用户不知情的状况下窃取有价值的数据或者财务信息，一旦企业或单位被病毒侵入，造成的损失和所要承担的责任是难以承受的。

计算机病毒和计算机防病毒之间的斗争已经进入了由"杀"病毒到"防"病毒的时代。企业或单位只有拒病毒于网络之外，才能保证数据的真正安全。因此，保证计算机和网络系统免受计算机病毒的侵害，让系统正常运行便成为企业和单位所面临的一个重要问题。

病毒经常会被"加壳"（对程序指令进行压缩或加密），以隐藏和保护自己。由于"加壳"的方法变化万千，如果不对指令的执行进行动态跟踪，仅通过"加壳"后的文件本身很难判别文件是否携带病毒。

根据病毒的发展趋势来看，一方面，PC上利用常见操作系统、浏览器漏洞的病毒以及各种文件型病毒还将继续活跃；另一方面，随着智能移动终端的普及率不断提高，基于无线网络的病毒传播与非法入侵将更加频繁，因而移动终端面临的病毒威胁将会更加严峻。病毒的网络防御将更加重要，同时也将面临更大的挑战。

7.5　本章实训

实训 1：熊猫烧香病毒的分析和清除

1. 实验目的

1）掌握熊猫烧香病毒的原理。

2）能够查杀熊猫烧香病毒。

2. 实验环境

计算机一台、WindowsXP Professional 虚拟机。

3. 实验内容

（1）熊猫烧香病毒的现象

1）计算机中 .exe 文件变成熊猫烧香图标。

2）在各分区根目录生成病毒副本：

X：\setup.exe

X：\autorun.inf

autorun.inf 内容：

[AutoRun]

OPEN = setup.exe

shellexecute = setup.exe

shell\Auto\command = setup.exe

3）熊猫烧香病毒尝试关闭安全软件等系统相关任务，包括注册表编辑器、Windows 任务管理器、杀毒软件。

4）修改"显示所有文件和文件夹"设置。

5）病毒进程并复制自身到系统目录下%System%\Drivers\spo0lsv.exe。

6）创建启动项，且删除原有安全工具启动项：

［HKEY_CURRENT_USER\Software\Microsoft\Windows\CurrentVersion\Run］

"svcshare" = "％System％\Drivers\spo0lsv. exe"。

（2）熊猫烧香病毒的手动清除

1）更名并启动狙剑，结束病毒进程：

C：\Windows\System32\Drivers\ spo0lsv. exe。

2）冰刃删除病毒文件 C：\Windows\System32\Drivers\ spo0lsv. exe。

3）删除分区盘符根目录下的病毒文件：

X：\setup. exe

X：\autorun. inf

4）删除病毒启动项：

［HKEY_CURRENT_USER\Software\Microsoft\Windows\CurrentVersion\Run］

"svcshare" = "％System％\Drivers\ spo0lsv. exe "。

5）恢复被修改的"显示所有文件和文件夹"设置：

［HKEY_LOCAL_MACHINE\Software\Microsoft\Windows\CurrentVersion\Explorer\Advanced\Folder\Hidden\SHOWALL］

"CheckedValue" = dword：00000001。

6）修复或重新安装被破坏的安全软件。

实训 2：熊猫烧香专杀工具的编写

1. 实验目的
1）掌握熊猫烧香病毒的原理。
2）能够编写熊猫烧香的专杀工具。
2. 实验环境
计算机一台、WindowsXP Professional 虚拟机。
3. 实验内容
1）编写批处理文件，文件名含学生姓名，结束病毒进程。
2）编写批处理文件，文件名含学生姓名，删除 Drivers 路径下文件。
3）编写批处理文件，文件名含学生姓名，删除根目录下文件。
4）编写批处理文件，文件名含学生姓名，删除病毒启动项。
5）恢复"显示所有文件和文件夹"。
6）将上述批处理文件合并到一个批处理文件，即熊猫烧香专杀工具。

实训 3：磁碟机病毒的分析和清除

1. 实验目的
1）掌握磁碟机病毒的原理。
2）能够查杀磁碟机病毒。
2. 实验环境

计算机一台、WindowsXP Professional 虚拟机。

3. 实验内容

（1）磁碟机病毒的现象

1）某些常用安全软件打不开，打开后立即被关闭，或者打开后有被"分尸"的现象，这是由于病毒不断向这些软件发送垃圾消息导致它们不能响应正常的用户指令。

2）病毒运行后，在系统文件夹 C:\Windows\System32\Com\中生成病毒文件，可以使用 RAR 软件查看。生成的病毒文件有 C:\Windows\System32\Com\lsass.exe，C:\Windows\System32\Com\netcfg.000，C:\Windows\System32\Com\netcfg.dll，C:\Windows\System32\Com\smss.exe。

3）病毒在每个硬盘分区根目录下生成的 autorun.inf 和 pagefile.pif 是以独占方式打开的，无法直接删除。

4）阻止其他安全软件随机启动，病毒删除注册表 HKLM 下的整个 RUN 项和子键。

5）破坏安全策略，病毒删除注册表 HKLM\SoftWare\Policies\Microsoft\Windows\Safer 键和子键。

6）破坏文件的显示方式，病毒修改注册表，使得文件夹选项的隐藏属性被修改，隐藏文件无法显示，逃避被用户手动删除的可能。

7）病毒通过重启重命名方式加载，位于注册表 HKEY_LOCAL_MACHINE\SYSTEM\ControlSet001\Control\BackupRestore\KeysNotToRestore 下的 Pending Rename Operations 字串。

8）破坏安全模式，病毒会删除注册表中和安全模式相关的值，使得安全模式被破坏，无法进入。

（2）磁碟机病毒的清除

1）进入注册表，首先删除重启重命名，把 HKEY_LOCAL_MACHINE\SYSTEM\ControlSet001\Control\BackupRestore\KeysNotToRestore 下的 Pending Rename Operations 值删除，让病毒的重启重命名失效。

2）然后再把机器断电或异常重启。

3）异常重启后，冰刃可以正常使用，在冰刃中删除系统目录 Windows\System32\Com 下的病毒文件。

4）删除所有磁盘根目录下的病毒文件：pagefile.exe 和 autorun.inf。

5）恢复显示隐藏文件中的"隐藏受保护的操作系统文件（推荐）"，在注册表 LOCAL_MACHINE\Software\Microsoft\Windows\CurrentVersion\Explorer\Advanced\Folder\SuperHidden 中的 Type 一项之前被病毒修改为 Radio，将其修改为正常的 checkbox。

6）无法进入安全模式的修复，可以使用网上下载的修复安全模式的 reg 文件进行修复，修复后安全模式可以进入。

【习　　题】

1. 选择题

1）熊猫烧香（尼姆亚）病毒属于（　　）。

A. 脚本病毒　　　　B. 木马病毒　　　　C. 蠕虫病毒　　　　D. 宏病毒

2）熊猫烧香病毒感染后的现象是（　　）。

A. 可执行文件的图标变为憨态可掬烧香膜拜的熊猫

B. Word 文档的图标变为憨态可掬烧香膜拜的熊猫

C. 程序源代码文件的图标变为憨态可掬烧香膜拜的熊猫

D. 以上都不对

3）以下不是计算机感染熊猫烧香后的特征是（　　）。

A. 可执行文件图标均变为憨态可掬烧香膜拜的熊猫

B. 蓝屏

C. 计算机频繁重启

D. 文件被复制

4）下面病毒中，属于蠕虫病毒的是（　　）。

A. Worm. Sasser 病毒　　　　　　B. Trojan. QQPSW 病毒

C. Backdoor. IRCBot 病毒　　　　　D. Macro. Melissa 病毒

5）以下关于蠕虫病毒的说法错误的是（　　）。

A. 通常蠕虫的传播无须用户的操作

B. 蠕虫病毒的主要危害体现在对数据保密性的破坏上

C. 蠕虫病毒比传统病毒具有更大的传染性

D. 蠕虫病毒是一段能不以其他程序为媒介，从一个计算机系统复制到另一个计算机系统的程序

6）下列对于蠕虫病毒的描述错误的是（　　）。

A. 蠕虫的传播无须用户操作

B. 蠕虫会消耗内存或网络带宽

C. 蠕虫的传播必须诱骗用户下载和执行

D. 蠕虫病毒难以追踪病毒发布及传播源头

7）（　　）不是蠕虫病毒。

A. 熊猫烧香　　　　　　　　　　B. 红色代码

C. 冰河　　　　　　　　　　　　D. 爱虫病毒

8）WannaCry 蠕虫通过（　　）漏洞在全球范围大爆发，感染了大量的计算机。

A. MS08-067　　　　　　　　　　B. MS17-010

C. MS03-026　　　　　　　　　　D. MS17-011

9）以下不属于计算机病毒特点的是（　　）。

A. 隐蔽性　　　　　　　　　　　B. 破坏性

C. 传染性　　　　　　　　　　　D. 唯一性

10）（　　）病毒现已被认定是首例能够破坏计算机系统硬件的病毒。

A. 熊猫烧香　　　　　　　　　　B. 爱虫

C. CIH　　　　　　　　　　　　D. 冲击波

11）磁碟机病毒在每个硬盘分区根目录下生成的 autorun. inf 的作用是（　　）。

A. 删除病毒文件　　　　　　　　B. 进行 U 盘传播

C. 阻止杀毒软件　　　　　　　　D. ARP 传播

12）LOCAL_MACHINE \ Software \ Microsoft \ Windows \ CurrentVersion \ Explorer \ Advanced \ Folder \ SuperHidden 中的 Type 一项的正常值为（　　）。

A. radio

B. checkbox

C. true

D. faulse

13）磁碟机病毒属于（　　）。

A. 勒索病毒

B. 木马病毒

C. 蠕虫病毒

D. 宏病毒

2. 判断题

某些常用安全软件打不开，打开后立即被关闭，或者打开后有被"分尸"的现象，这是由于病毒不断向这些软件发送垃圾消息导致它们不能响应正常的用户指令。（　　）

Chapter

第8章

SSH

学习目标

1. 了解 SSH 定义和应用
2. 掌握 SSH 服务器配置
3. 掌握 SSH 客户端配置
4. 掌握 SFTP 客户端配置

SSH 是 Secure Shell（安全外壳）的简称。用户通过一个不能保证安全的网络环境远程登录到设备时，SSH 可以利用加密和强大的认证功能提供安全保障，保护设备不受诸如 IP 地址欺诈、明文密码截取等攻击。其安全性大大强于远程登录（Telnet），在安全性要求较高的网络中，SSH 已经成为远程登录的首选。SFTP 是 Secure FTP（安全文件传输协议）的简称，是 SSH 2.0 中新增的功能。SFTP 建立在 SSH 连接的基础之上，它使得远程用户可以安全地登录设备，进行文件管理和文件传送等操作，为数据传输提供了更高的安全保障。本章将对 SSH 协议及其应用扩展 SFTP 进行简要介绍。

8.1 SSH 基本原理

8.1.1 SSH 概述

Telnet 是互联网上使用最广泛的远程登录协议。但是，Telnet 协议本身并没有提供安全的认证方式，而且通过 TCP 传输的内容都是明文方式，用户名和密码可以通过网络报文分析的方式获得，存在着很大的安全隐患。另外，由于系统对 Telnet 用户采用简单的口令验证，所以 DoS 攻击、主机 IP 地址欺骗、路由欺骗等恶意攻击都可能给系统带来致命的威胁。

SSH 是一种安全的远程连接协议。SSH 协议基于 TCP 进行传输，端口号是 22。通过使用 SSH 协议，远程登录访问的安全性得到了很大的提升。此外，SSH 还提供 SSH 文件传输协议（SSH File Transfer Protocol），对在公共的互联网上的数据传输进行了安全保护。

SSH 协议具有如下特点。

1）完善的数据传输机密性。SSH 协议支持数据加密标准（Data Encryption Standard，DES）、三重数据加密标准（Triple Data Encryption Standard，3DES）算法，SSH 客户端与服务器端通信时，用户名及口令均进行了加密，有效防止了非法用户对口令的窃听。同时 SSH 服务对传输的数据也进行了加密，保证了数据的安全性和可靠性。

2）多种认证方式。SSH 支持公钥验证方式、密码验证方式、不验证方式，用户可以灵活进行选择。

公钥验证方式是 SSH 必须支持的认证方式。使用了公钥验证方式后，客户端生成一段由用户私钥签名的数据发送到服务器，服务器收到用户公钥和签名数据后，会检查用户公钥和签名的合法性，如果都合法则接受该请求，否则拒绝该请求。

密码验证方式是 SSH 可选支持的认证方式之一。用户将用户名和密码发送给服务器，服务器根据既定的验证方式进行密码验证（本地或远程），验证成功则接受该请求，否则拒绝该请求。

不验证方式也是可选支持的认证方式之一。配置用户为不认证方式时，服务器在任何情况下必须返回验证通过，此时 SSH 用户认证成功。

3）SSH 所支持的 DSA 和 RSA 认证具有攻击防御功能。SSH 中使用的 RSA 方式是最著名的且被广泛应用的公钥加密体制。RSA 的加密方式为非对称加密，密钥为一对相关密钥（公钥和私钥），其中任一个密钥加密的信息只能用另一个密钥进行解密。私钥的唯一性决定其不仅可以用于加密，还可以作为数字签名，防止非法用户篡改数据。

当前 SSH 有两个版本——SSH1 和 SSH2。但随着 SSH 的成熟应用，大多数实现都已经基于 SSH2，后续将以 SSH2 为基础进行介绍。

SSH 协议框架中最主要的部分是三个协议，即传输层协议、用户认证协议和连接协议。同时 SSH 协议框架中还为许多高层的网络安全应用协议提供扩展的支持，如图 8-1 所示。

1）传输层协议（The Transport Layer Protocol）提供服务器认证，保证数据机密性、信息完整性。

2）用户认证协议（The User Authentication Protocol）为服务器提供客户端的身份鉴别。

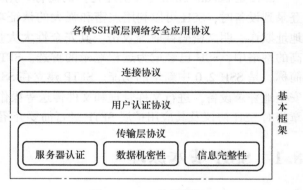

图 8-1 SSH 协议框架

3）连接协议（The Connection Protocol）将加密的信息隧道复用成若干个逻辑通道，提供给更高层的应用协议使用。

8.1.2 SSH 工作过程

在整个工作过程中，为实现 SSH 的安全连接，服务器端与客户端要经历如下七个阶段。

1. 连接建立阶段

SSH 服务器在 22 号端口侦听客户端的连接请求，在客户端向服务器端发起连接请求后，双方建立一个 TCP 连接。

2. 版本号协商阶段

版本号协商阶段的主要目的是客户端与服务器端协商双方都能够支持的 SSH 版本，具体步骤如下。

1）TCP 连接建立后，服务器端向客户端发送第一个报文，包括版本标志字符串，格式为"SSH – <主协议版本号>. <次协议版本号> – <软件版本号>"，协议版本号由主版本号和次版本号组成，软件版本号主要是为调试使用。

2）客户端收到报文后，解析该数据包，如果服务器端的协议版本号比自己的低且客户端能支持服务器端的低版本，就使用服务器端的低版本号协议，否则使用自己的协议版本号。

3）客户端回应服务器端，回应报文包含了客户端决定使用的协议版本号。

4）服务器端比较客户端发来的版本号，决定是否能同客户端一起工作。如果协商成功，则进入算法和密钥协商阶段，否则服务器端断开 TCP 连接。

3. 算法协商阶段

SSH 支持多种算法，双方根据本端和对端支持的算法，协商出最终用于产生会话密钥的密钥交换算法、用于数据信息加密的加密算法、用于进行数字签名和认证的公钥算法，以及用于数据完整性保护的哈希运算消息认证码（Hash- based Message Authentication Code, HMAC）算法。

1）服务器端和客户端分别发送算法协商报文给对端，报文中包含自己支持的公钥算法列表、加密算法列表、消息认证码（Message Authentication Code, MAC）算法列表、压缩算法列表等。

2）服务器端和客户端根据对端和本端支持的算法列表得出最终使用的算法。

4. 密钥交换阶段

双方通过 DH 交换（Diffie-Hellman Exchange），动态地生成用于保护数据传输的会话密钥和用来标识该 SSH 连接的会话 ID，并完成客户端对服务器端的身份认证。

通过以上步骤，服务器端和客户端就取得了相同的会话密钥和会话 ID。对于后续传输的数据，两端都会使用会话密钥进行加密和解密，保证了数据传送的安全。在认证阶段，两端会使用会话 ID 用于认证过程。

5. 用户认证阶段

SSH 客户端向服务器端发起认证请求，服务器端对客户端进行认证，具体步骤如下。

1）客户端向服务器端发送认证请求，认证请求中包含用户名、认证方法、与该认证方法相关的内容（如 password 认证时，内容为密码）。

2）服务器端对客户端进行认证，如果认证失败，则向客户端发送认证失败消息，其中包含可以再次认证的方法列表。

3）客户端从认证方法列表中选取一种认证方法再次进行认证。

4）该过程反复进行，直到认证成功或者认证次数达到上限，服务器关闭连接为止。

设备作为 SSH 服务器可提供以下几种对客户端的认证方式。

1）password 认证。该认证方式利用认证、授权和计费（Authentication、Authorization、Accounting, AAA）对客户端身份进行认证。客户端向服务器发出 password 认证请求，将用户名和密码加密后发送给服务器；服务器将认证请求解密后得到用户名和密码的明文，通过本地认证或远程认证验证用户名和密码的合法性，并返回认证成功或失败的消息。

客户端进行 password 认证时，如果远程认证服务器要求用户进行二次密码认证，则会在发送给服务器端的认证回应消息中携带一个提示信息，该提示信息被服务器端透传给客户端，由客户端输出并要求用户再次输入一个指定类型的密码，当用户提交正确的密码并成功通过认证服务器的验证后，服务器端才会返回认证成功的消息。

2）keyboard-interactive 认证。该认证方式与 password 认证方式类似，相较于 password 认证，该认证方式提供了可变的交互信息。客户端进行 keyboard-interactive 认证时，如果远程认证服务器要求用户进行交互认证，则远程认证服务器会在发送给服务器端的认证回应消息中携带一个提示信息，该提示信息被服务器端透传给客户端，在客户端终端上显示并要求用户输入指定的信息。当用户提交正确的信息后，若远程认证服务器继续要求用户输入其他的信息，则重复以上过程，直到用户输入了所有远程认证服务器要求的信息后，远程认证服务器才会返回认证成功的消息。

3）publickey 认证。该认证方式采用数字签名的方式来认证客户端。目前，设备上可以利用 DSA、ECDSA、RSA 三种公钥算法实现数字签名。客户端发送包含用户名、公钥和公钥算法或者携带公钥信息的数字证书的 publickey 认证请求给服务器端。服务器对公钥进行合法性检查，如果合法，则发送消息请求客户端的数字签名；如果不合法，则直接发送失败消息；服务器收到客户端的数字签名之后，使用客户端的公钥对其进行解密，并根据计算结果返回认证成功或失败的消息。

4）password-publickey 认证。对于 SSH2 版本的客户端，要求同时进行 password 和 publickey 两种方式的认证，且只有两种认证均通过的情况下，才认为客户端身份认证通过；对于 SSH1 版本的客户端，只要通过其中任意一种认证即可。

5）any 认证。该认证方式不指定客户端的认证方式，客户端可采用 password 认证、keyboard-interactive 认证或 publickey 认证，且只要通过其中任何一种认证即可。

6. 会话请求阶段

认证通过后，SSH 客户端向服务器端发送会话请求，请求服务器提供某种类型的服务（目前支持 Stelnet、SFTP、SCP、NETCONF），即请求与服务器建立相应的会话。

7. 交互会话阶段

会话建立后，SSH 服务器端和客户端在该会话上进行数据信息的交互，该阶段用户在客户端可以通过粘贴文本内容的方式执行命令，但文本会话不能超过 2000 字节，且粘贴的命令最好是同一视图下的命令，否则服务器可能无法正确执行该命令。如果粘贴的文本会话超过 2000 字节，可以采用将配置文件通过 SFTP 方式上传到服务器，利用新的配置文件重新启动的方式执行这些命令。

8.2 配置 SSH

8.2.1 配置 SSH 服务器端

SSH 服务器端配置任务如下：①生成本地密钥对。②（可选）配置 SSH 服务端口号。③开启 SSH 服务器：开启 Stelnet 服务器功能、开启 SFTP 服务器功能、开启 SCP 服务器功能。④配置 SSH 客户端登录时使用的用户线，仅对 Stelnet 服务器必选。⑤配置客户端的公钥，采用 publickey、password-publickey 或 any 认证方式时必选。⑥配置 SSH 用户：采用 keyboard-interactive、publickey、password-publickey 或 any 认证方式时必选；采用 password 认证方式时可选。⑦（可选）配置 SSH 管理功能，用户可通过配置认证参数、连接数控制等提高 SSH 连接的安全性。⑧（可选）配置 SSH 服务器所属的 PKI 域。⑨（可选）释放已建立的 SSH 连接。

下面予以简要介绍。

1. 生成本地密钥对

服务器端的 DSA、ECDSA 或 RSA 密钥对有两个用途，一是用于在密钥交换阶段生成会话密钥和会话 ID，二是客户端用它来对连接的服务器进行认证。客户端验证服务器身份时，首先判断服务器发送的公钥与本地保存的服务器公钥是否一致，确认服务器公钥正确后，再使用该公钥对服务器发送的数字签名进行验证。

虽然一个客户端只会采用 DSA、ECDSA 或 RSA 公钥算法中的一种来认证服务器，但是由于不同客户端支持的公钥算法不同，为了确保客户端能够成功登录服务器，建议在服务器上同时生成 DSA、ECDSA 和 RSA 三种密钥对。

1）生成 DSA 密钥对时，只生成一个主机密钥对。SSH1 不支持 DSA 算法。

2）生成 ECDSA 密钥对时，只生成一个主机密钥对。

3）生成 RSA 密钥对时，将同时生成两个密钥对——服务器密钥对和主机密钥对。SSH1 利用 SSH 服务器端的服务器公钥加密会话密钥，以保证会话密钥传输的安全；SSH2 通过 DH 算法在 SSH 服务器和 SSH 客户端上生成会话密钥，不需要传输会话密钥，因此 SSH2 中没有利用服务器密钥对。

配置限制和指导如下：

1）SSH 仅支持默认名称的本地 DSA、ECDSA 或 RSA 密钥对，不支持指定名称的本地 DSA、ECDSA 或 RSA 密钥对。生成 DSA 密钥对时，要求输入的密钥模数的长度必须小于 2048bit。

2）SSH 服务器支持 secp256r1 和 secp384r1 类型的 ECDSA 密钥对。

3）如果服务器端不存在默认名称的本地 RSA 密钥对，则在服务器端执行 SSH 服务器相关命令行时（包括开启 Stelnet/SFTP/SCP/NETCONF over SSH 服务器、配置 SSH 用户以及配置 SSH 服务器端的管理功能），系统会自动生成一个默认名称的本地 RSA 密钥对。

4）设备运行于 FIPS 模式时，服务器端仅支持 ECDSA、RSA 密钥对，因此不要生成本地的 DSA 密钥对，否则会导致用户认证失败。

配置步骤如下：

1）进入系统视图：**system-view**。

2）生成本地密钥对：**public-key local create**{**dsa**|**ecdsa**{**secp256r1**|**secp384r1**}|**rsa**}。

2. 配置 SSH 服务端口号

用户通过修改 SSH 服务端口号，可以提高 SSH 连接的安全性。

配置限制和指导如下：

1）如果修改端口号前 SSH 服务是开启的，则修改端口号后系统会自动重启 SSH 服务，正在访问的用户将被断开，用户需要重新建立 SSH 连接后才可以继续访问。

2）如果使用在 1～1024 之间的知名端口号，有可能会导致其他服务启动失败。

配置步骤如下：

1）进入系统视图：**system-view**。

2）配置 SSH 服务端口号：**ssh server port** *port-number*。

默认情况下，SSH 服务的端口号为 22。

3. 开启 Stelnet 服务器功能

本功能用于开启设备上的 Stelnet 服务器功能，使客户端能采用 Stelnet 的方式登录到设备。

配置步骤如下：

1）进入系统视图：**system-view**。

2）开启 Stelnet 服务器功能：**ssh server enable**。

默认情况下，Stelnet 服务器功能处于关闭状态。

4. 开启 SFTP 服务器功能

本功能用于开启设备上的 SFTP 服务器功能，使客户端能采用 SFTP 的方式登录到设备。

配置限制和指导如下：设备作为 SFTP 服务器时，不支持 SSH1 版本的客户端发起的 SFTP 连接。

配置步骤如下：

1）进入系统视图：**system-view**。

2）开启 SFTP 服务器功能：**sftp server enable**。

默认情况下，SFTP 服务器处于关闭状态。

5. 开启 SCP 服务器功能

本功能用于开启设备上的 SCP 服务器功能，使客户端能采用 SCP 的方式登录到设备。

配置限制和指导如下：设备作为 SCP 服务器时，不支持 SSH1 版本的客户端发起的 SCP 连接。

配置步骤如下：

1）进入系统视图：**system-view**。

2）开启 SCP 服务器功能：**scp server enable**。

默认情况下，SCP 服务器处于关闭状态。

6. 配置 SSH 客户端登录时使用的用户线

设备支持的 SSH 客户端根据不同的应用可分为 Stelnet 客户端、SFTP 客户端、SCP 客户端和 NETCONF over SSH 客户端。

1）Stelnet 客户端和 NETCONF over SSH 客户端通过虚拟类型终端（Virtual Type Terminal，VTY）用户线访问设备。因此，需要配置客户端登录时采用的 VTY 用户线，使其支持 SSH 远程登录协议。配置将在客户端下次登录时生效。

2）SFTP 客户端和 SCP 客户端不通过用户线访问设备，不需要配置登录时采用的 VTY 用户线。

配置步骤如下：

1）进入系统视图：**system-view**。

2）进入 VTY 用户线视图：**line vty** *number* ［*ending-number*］。

3）配置登录用户线的认证方式为 scheme 方式：authentication-mode scheme。

默认情况下，用户线认证为 **password** 方式。

7. 配置客户端的公钥

服务器在采用 publickey 方式验证客户端身份时，首先比较客户端发送的 SSH 用户名、主机公钥是否与本地配置的 SSH 用户名以及相应的客户端主机公钥一致，在确认用户名和客户端主机公钥正确后，对客户端发送的数字签名进行验证，该签名是客户端利用主机公钥对应的私钥计算出的。

因此，在采用 publickey、password-publickey 或 any 认证方式时：

1）在服务器端配置客户端的 DSA、ECDSA 或 RSA 主机公钥。

2）在客户端为该 SSH 用户指定与主机公钥对应的 DSA、ECDSA 或 RSA 主机私钥（若设备作为客户端，则在向服务器发起连接时通过指定公钥算法来实现）。

导入方式：服务器端可以通过手工配置和从公钥文件中导入两种方式来配置客户端的公钥。

1）手工配置。事先在客户端上通过显示命令或其他方式查看其公钥信息，并记录客户端主机公钥的内容，然后采用手工输入的方式将客户端的公钥配置到服务器上。手工输入远端主机公钥时，可以逐个字符输入，也可以一次复制粘贴多个字符。这种方式要求手工输入或复制粘贴的主机公钥必须是未经转换的特异编码规则（Distinguished Encoding Rules，DER）公钥编码格式。手工配置客户端的公钥时，输入的主机公钥必须满足一定的格式要求。

2）从公钥文件中导入。事先将客户端的公钥文件保存到服务器上（比如通过 FTP 或 TFTP，以二进制方式将客户端的公钥文件保存到服务器上），服务器从本地保存的该公钥文件中导入客户端的公钥。导入公钥时，系统会自动将客户端公钥文件转换为公共密钥加密标准（Public Key Cryptography Standards，PKCS）编码形式。

配置限制和指导如下：

1）SSH 服务器上配置的 SSH 客户端公钥数目建议不要超过 20 个。

2）配置客户端公钥时建议选用从公钥文件中导入的方式配置远端主机的公钥。

手工配置客户端的公钥如下：

1）进入系统视图：**system-view**。

2）进入公钥视图：**public-key peer** *keyname*。

3）配置客户端的公钥：逐个字符输入或复制粘贴公钥内容。在输入公钥内容时，字符之间可以有空格，也可以按 "Enter" 键继续输入数据。保存公钥数据时，将删除空格和回车符。具体介绍请参见 "安全配置指导" 中的 "公钥管理"。

4）退出公钥视图并保存配置的主机公钥：**peer-public-key end**。

从公钥文件中导入客户端的公钥如下：

1）进入系统视图：**system-view**。

2）从公钥文件中导入远端客户端的公钥：**public-key peer** *keyname* **import sshkey** *filename*。

8. 配置 SSH 用户

本配置用于创建 SSH 用户，并指定 SSH 用户的服务类型、认证方式以及对应的客户端公钥或数字证书。SSH 用户的配置与服务器端采用的认证方式有关，具体如下：

1）如果服务器采用了 publickey 认证，则必须在设备上创建相应的 SSH 用户以及同名的本地用户（用于下发授权属性：工作目录、用户角色）。

2）如果服务器采用了 password 认证，则必须在设备上创建相应的本地用户（适用于本地认证）或在远程服务器（如 RADIUS 服务器，适用于远程认证）上创建相应的 SSH 用户。这种情况下并不需要通过本配置创建相应的 SSH 用户，如果创建了 SSH 用户，则必须保证指定了正确的服务类型以及认证方式。

3）如果服务器采用了 keyboard-interactive、password-publickey 或 any 认证，则必须在设备上创建相应的 SSH 用户，以及在设备上创建同名的本地用户（适用于本地认证）或者在远程认证服务器上创建同名的 SSH 用户（如 RADIUS 服务器，适用于远程认证）。

配置限制和指导如下：

1）对 SSH 用户配置的修改，不会影响已经登录的 SSH 用户，仅对新登录的用户生效。

2）FIPS 模式下，设备作为 SSH 服务器不支持 any 和 publickey 认证方式。

3）SCP 或 SFTP 用户登录时使用的工作目录与用户使用的认证方式有关：

① 通过 publickey 或 password-publickey 认证登录服务器的用户，使用的工作目录均为对应的本地用户视图下该用户设置的工作目录。

② 通过 keyboard-interactive 或 password 认证登录服务器的用户，使用的工作目录为通过 AAA 授权的工作目录。

4）SSH 用户登录时拥有的用户角色与用户使用的认证方式有关：

① 通过 publickey 或 password-publickey 认证登录服务器的 SSH 用户，将被授予对应的本地用户视图下指定的用户角色。

② 通过 keyboard-interactive 或 password 认证登录服务器的 SSH 用户，将被授予远程 AAA 服务器或设备本地授权的用户角色。

5）除 keyboard-interactive 和 password 认证方式外，其他认证方式下均需要指定客户端的公钥或证书。

① 对于使用公钥认证的 SSH 用户，服务器端必须指定客户端的公钥，且指定的公钥必须已经存在。如果指定了多个用户公钥，则在验证 SSH 用户身份时，按照配置顺序使用指定的公钥依次对其进行验证，只要用户通过任意一个公钥验证即可。

② 对于使用证书认证的 SSH 用户，服务器端必须指定用于验证客户端证书的 PKI 域。为保证 SSH 用户可以成功通过认证，通过 **ssh user** 命令或 **ssh server pki-domain** 命令指定的 PKI 域中必须存在用于验证客户端证书的 CA 证书。

配置步骤如下：

1）进入系统视图：**system-view**。

2）创建 SSH 用户，并指定 SSH 用户的服务类型和认证方式。

非 FIPS 模式：

ssh user *username* **service-type**｛**all**｜**netconf**｜**scp**｜**sftp**｜**stelnet**｝**authentication-type**｛**keyboard-interac-**

tive | **password** | {**any** | **password-publickey** | **publickey**} [**assign** { **pki-domain** *domain-name* | **publickey** *keyname*& < 1-6 > }]]

FIPS 模式：

　　ssh user *username* **service-type** { **all** | **netconf** | **scp** | **sftp** | **stelnet** } authentication-type { keyboard-interactive | password | **password-publick4ey** [**assign** { **pki-domain** *domain-name* | **publickey** *keyname*& < 1-6 > }]]

SSH 服务器上最多可以创建 1024 个 SSH 用户。

9. 配置 SSH 管理功能

设置 SSH 服务器兼容 SSH1 版本的客户端。

1）进入系统视图：**system-view**。

2）设置 SSH 服务器兼容 SSH1 版本的客户端：**ssh server compatible-ssh1x enable**。

默认情况下，SSH 服务器不兼容 SSH1 版本的客户端。FIPS 模式下，不支持本命令。

开启 SSH 算法重协商和密钥重交换功能如下：

1）进入系统视图：**system-view**。

2）开启 SSH 算法重协商和密钥重交换功能：**ssh server key-re-exchange enable** [**interval** *interval*]。

默认情况下，SSH 算法重协商和密钥重交换功能处于关闭状态。FIPS 模式下，不支持本命令。

本功能的开启和间隔时间变化不影响已存在的 SSH 连接。

设置 RSA 服务器密钥对的最小更新间隔时间如下：

1）进入系统视图：**system-view**。

2）设置 RSA 服务器密钥对的最小更新间隔时间：**ssh server rekey-interval** *interval*。

默认情况下，系统不更新 RSA 服务器密钥对。FIPS 模式下，不支持本命令。

本功能仅对 SSH 客户端版本为 SSH1 的用户有效。

设置 SSH 用户的认证超时时间如下：

1）进入系统视图：**system-view**。

2）设置 SSH 用户的认证超时时间：**ssh server authentication-timeout** *time-out-value*。

默认情况下，SSH 用户的认证超时时间为 60s。

为了防止不法用户建立起 TCP 连接后，不进行接下来的认证而空占进程，妨碍其他合法用户的正常登录，可以设置验证超时时间，如果在规定的时间内没有完成认证就拒绝该连接。

设置 SSH 用户请求连接的认证尝试最大次数如下：

1）进入系统视图：**system-view**。

2）设置 SSH 认证尝试的最大次数：**ssh server authentication-retries** *retries*。

默认情况下，SSH 连接认证尝试的最大次数为 3 次。

本功能可以防止非法用户对用户名和密码进行恶意猜测和破解。在 any 认证方式下，SSH 客户端通过 publickey 和 password 方式进行认证尝试的次数总和不能超过配置最大次数。

设置对 SSH 客户端的访问控制如下：

1）进入系统视图：**system-view**。

2）设置对 SSH 用户的访问控制。

IPv4 网络：

> **ssh server acl** { *advanced-acl-number* | *basic-acl-number* | **mac** *mac-acl-number* }

IPv6 网络：

> **ssh server ipv6 acl** { **ipv6** { *advanced-acl-number* | *basic-acl-number* } | **mac** *mac-acl-number* }

默认情况下，允许所有 SSH 用户向设备发起 SSH 访问。通过配置本功能，使用 ACL 过滤向 SSH 服务器发起连接的 SSH 客户端。

开启匹配 ACL deny 规则后打印日志信息功能如下：

1）进入系统视图：**system-view**。

2）开启匹配 ACL deny 规则后打印日志信息功能：**ssh server acl-deny-log enable**。

默认情况下，匹配 ACL deny 规则后打印日志信息功能处于关闭状态。通过开启本功能，设备可以记录匹配 deny 规则的 IP 用户的登录日志，用户可以查看非法登录的地址信息。

设置 SSH 服务器向 SSH 客户端发送的报文的 DSCP 优先级如下：

1）进入系统视图：**system-view**。

2）设置 SSH 服务器向 SSH 客户端发送的报文的 DSCP 优先级。

IPv4 网络：

> **ssh server dscp** *dscp-value*

IPv6 网络：

> **ssh server ipv6 dscp** *dscp-value*

默认情况下，SSH 报文的 DSCP 优先级为 48。DSCP 携带在 IPv4 报文中的 ToS 字段和 IPv6 报文中的 Trafic class 字段，用来体现报文自身的优先等级，决定报文传输的优先程度。

设置 SFTP 用户连接的空闲超时时间如下：

1）进入系统视图：**system-view**。

2）设置 SFTP 用户连接的空闲超时时间：**sftp server idle-timeout** *time-out-value*。

默认情况下，SFTP 用户连接的空闲超时时间为 10min。当 SFTP 用户连接的空闲时间超过设定的阈值后，系统会自动断开此用户的连接，从而有效避免用户长期占用连接而不进行任何操作。

设置同时在线的最大 SSH 用户连接数如下：

1）进入系统视图：**system-view**。

2）设置同时在线的最大 SSH 用户连接数：**aaa session-limit ssh** *max-sessions*。

默认情况下，同时在线的最大 SSH 用户连接数为 32。因系统资源有限，当前在线 SSH 用户数超过设定的最大值时，系统会拒绝新的 SSH 连接请求。该值的修改不会对已经在线的用户连接造成影响，只会对新的用户连接生效。关于该命令的详细介绍，请参见"安全命令参考"中的"AAA"。

10. 配置 SSH 服务器所属的 PKI 域

SSH 服务器利用所属的 PKI 域在密钥交换阶段发送证书给客户端，在 **ssh user** 命令中没有指定验证客户端的 PKI 域的情况下，使用服务器所属的 PKI 域来认证客户端并用它来对连接的客户端进行认证。

配置步骤如下：

1）进入系统视图：**system-view**。

2）配置 SSH 服务器所属的 PKI 域：**ssh server pki-domain** *domain-name*。

默认情况下，未配置 SSH 服务器所属的 PKI 域。

11. 释放已建立的 SSH 连接

系统支持多个 SSH 用户同时对设备进行配置，当管理员在维护设备时，其他在线 SSH 用户的配置影响到管理员的操作，或者管理员正在进行一些重要配置不想被其他用户干扰时，可以强制断开其他用户的连接。

在用户视图下执行本命令，释放已建立的 SSH 连接。配置步骤如下：

free ssh{ **user-ip**{ *ip-address*|**ipv6** *ipv6-address*}[**port** *port-number*]|**user-pid** *pid-number*|**username** *username*}

8.2.2　配置 SSH 客户端

默认情况下，客户端用设备指定的路由接口地址访问 SSH 服务器，可以在系统视图下为 SSH 客户端指定源 IP 地址或源接口，命令如下：

[SWA]ssh client source { ip ip-address|interface interface-type interface-number}

在系统视图下建立 SSH 客户端和服务器端的连接，并指定公钥算法、客户端和服务器的首选加密算法、首选 HMAC 算法和首选密钥交换算法，命令如下：

<SWA>ssh2 server[port-number][vpn-instance vpn-instance-name][identity-key { dsa|rsa} prefer-compress zlib|prefer-ctos-cipher { 3des|aesl28|aes256|des}|prefer-ctos-hmac { md5|md5-96|sha1|sha1-96} prefer-kex { dh-group-exchange|dh-groupl|dh-group14} prefer-stoc-cipher { 3des|aes128|aes256|des}|prefer-stoc-hmac { md5|md5-96|shal|sha1-96}*[dscp dscp-value|publickey keyname|source { interface interface-type interface-number|ip ip-address}]*

8.2.3　SSH 配置示例

如图 8-2 所示网络中，SWA 是 SSH 服务器，SWB 是 SSH 客户端。SSH 用户采用的认证方式为 password 认证。

首先在 SWA 上配置生成 RSA 密钥对，并启动 SSH 服务器。

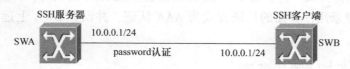

图 8-2　SSH password 认证配置示例

[SWA] public-key local create rsa

[SWA] ssh server enable

然后设置 SSH 客户端登录用户界面的认证方式为 AAA 认证，并设置 SWA 上远程用户登录协议为 SSH。

```
[SWA] user-interface vty 0 4
[SWA-ui-vty0-4] authentication-mode scheme
[SWA-ui-vty0-4] protocol inbound ssh
```

创建本地用户 client001，并设置用户的角色为 network-admin；配置 SSH 用户 client001 的服务类型为 Stelnet，认证方式为 password 认证。

```
[SWA] local-user client001 class manage
[SWA-luser-client001] password simple aabbcc
[SWA-luser-client001] service-type ssh
[SWA-luser-client001] authorization-attribute user-role network-admin
[SWA-luser-client001] quit
[SWA] ssh user client001 service-type stelnet authentication-type password
```

然后在 SWB 上建立到服务器的 SSH 连接，并指明用户名为 client001，密码为 aabbcc。

```
<SWB> ssh2 10.0.0.1
Username:client001
Trying 10.0.0.1…
Press CTRL + K uo abort
Connected to 10.0.0.1…
The Server is not authenticated. Continue? [Y/N]:y
Do you want to save the server public key? [Y/N]:n
Enter pasword：
```

认证成功后，进入 SWA 的用户界面。

如图 8-3 所示网络中，SWA 是 SSH 服务器，SWB 是 SSH 客户端。为了使 SSH 连接具有更强的安全性，网络中 SSH 用户采用的认证方式为 publickey 认证，公钥算法为 RSA。

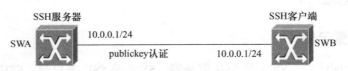

图 8-3　SSH publickey 认证配置示例

与 password 认证方式一样，需要在 SWA 上配置生成 RSA 密钥对，并启动 SSH 服务器；设置 SSH 客户端登录用户界面的认证方式为 AAA 认证，并设置 SWA 上远程用户登录协议为 SSH。

```
[SWA] public-key local create rsa
[SWA] ssh server enable
[SWA] user-interface vty 0 4
[SWA-ui-vty0-4] authentication-mode scheme
[SWA-ui-vty0-4] protocol inbound ssh
```

因为使用公钥认证，所以需要在 SSH 客户端 SWB 上生成 RSA 密钥对，并将生成的 RSA 主机公钥导出到指定文件 key. pub 中。

> ［SWB］public-key local create rsa
>
> ［SWB］public-key local export rsa ssh2 key. pub

客户端生成密钥对后，需要将保存的公钥文件 key. pub 通过 FTP/TFTP 方式上传到 SSH 服务器 SWA 上。

再返回到 SWA 上，配置从文件 key. pub 中导入客户端的公钥。

> ［SWA］public-key peer Switch001 import sshkey key. pub

创建本地用户 client002，并设置用户的角色为 network-admin。

> ［SWA］local-user client002 class manage
>
> ［SWA-luser-client002］service-type ssh
>
> ［SWA-luser-client001］authorization-attribute user-role network-admin
>
> ［SWA-luser-client001］quit

设置 SSH 用户 client002 的认证方式为 publickey，并指定公钥为 Switch001。

> ［SWA］ssh user client002 service-type stelnet authentication-type publickey assign publickey Switch001

以上配置完成后，在 SWB 上建立到服务器的 SSH 连接，并指明以用户名 client002 登录。

> ＜SWB＞ssh2 10. 0. 0. 1
>
> Username：client002
>
> Trying 10. 0. 0. 0…
>
> Press CTRL + K to abort
>
> Connected to 10. 0. 0. 1…
>
> The Server is not authenticated. Continue？［Y/N］：Y
>
> Do you want to save the server public key？［Y/N］：N

认证成功后，进入 SWA 的用户界面。

注意，当设备仅支持 RSA 公钥算法时，设备作为客户端登录 SSH 服务器时无须指定公钥算法，即默认采用 RSA 公钥算法协商登录。当设备支持 DSA 和 RSA 公钥算法时，设备作为客户端登录 SSH 服务器时，建议在登录命令中指定公钥算法（identity-key），如果不指定公钥算法，默认采用的是 DSA 公钥算法协商登录。

8. 3　配置 SFTP

8. 3. 1　SFTP 介绍

通常情况下，传输文件、共享资源主要通过 FTP 来实现。和 TFTP 相比，FTP 提供了必要的可靠性，然而对于一些要求网络安全级别比较高、需要严格防范传输数据被监听的情况来说，FTP 就无法胜任了。

SFTP（SSH File Transfer Protocol 或 Secure File Transfer Protocol）是 SSH2.0 中支持的功能。和 FTP 不同的是，SFTP 默认采用加密方式来传输数据。SFTP 建立在 SSH 连接的基础上，它使得远程用户可以安全地登录设备，进行文件管理和文件传送等操作，为数据传输提供了更高的安全保障。同时，由于设备支持作为客户端的功能，用户可以从本地设备安全登录到远程设备上进行文件的安全传输。

8.3.2　SFTP 配置

默认情况下，SFTP 服务器处于关闭状态，所以需要在系统视图下启动 SFTP 服务器，使客户端能用 SFTP 的方式登录到服务器。相关命令如下：

[SWA]sftp server enable

与 SSH 配置用户类似，SFTP 服务器也需要配置 SFTP 用户，并指定所使用的认证方式和工作目录。

[SWA]ssh user usermame service-type {all|sftp} authentication-type {password| {any password-publickey|publickey} assign publickey keyname}

在客户端上，使用如下命令来建立与 SFTP 服务器的连接，并可以同时指定公钥算法及客户端和服务器的首选加密算法、首选 HMAC 算法和首选密钥交换算法，命令如下：

<SWA> sftp server [port-number] [vpn-instance vpn-instance-mame] [identity-key {dsa|rsa}| prefer-compress zlib| prefer-ctos-cipher {3des|aes128|aes256|des} prefer-ctos-hmac {md5|md5-96|shal|shal-96} prefer-kex {dh-group-exchangel dh-groupl| dh-group14} | prefer-stoc-cipher {3des|aes128|aes256 | des} prefer-stoc-hmac {md5| md5-96|shal|sha1-96}] * [dscp dscp-value|publickey keyname|source {interface interface-type interface-numbers|ip ip-address}] *

8.3.3　SFTP 配置示例

如图 8-4 所示网络中，SWA 是 SFTP 服务器，SWB 是 SFTP 客户端。SWB 作为 SFTP 客户端登录到 SWA 进行文件管理和文件传送等操作。SFTP 用户采用的认证方式为 publickey 认证，公钥算法为 RSA。

图 8-4　SFTP 配置示例

与 SSH 配置一样，SFTP 配置需要在 SWA 上配置生成 RSA 密钥对，并启动 SSH 服务器。与此同时，为了提供 SFTP 服务，还需要在 SWA 上启动 SFTP 服务器。

[SWA] public-key local create rsa

[SWA] ssh server enable

[SWA] sftp server enable

设置 SFTP 客户端登录用户界面的认证方式为 AAA 认证，并设置 SWA 上远程用户登录协议为 SSH。

> [SWA] user-interface vty 0 4
> [SWA-ui-vty0-4] authentication mode scheme
> [SWA-ui-vty0-4] protocol inbound ssh

因为使用公钥认证，所以需要在 SSH 客户端 SWB 上生成 RSA 密钥对，并将生成的 RSA 主机公钥导出到指定文件 key. pub 中。

> [SWB] public-key local create rsa
> [SWB] public-key local export rsa ssh2 key. pub

客户端生成密钥对后，需要将保存的公钥文件 key. pub 通过 FTP/TFTP 方式上传到 SSH 服务器 SWA 上。

再返回到 SWA 上，配置从文件 key. pub 中导入客户端的公钥。

> [SWA] public-key peer Switch001 import sshkey key. pub

创建 SFTP 用户 client001，指定其工作目录为 flash：/。

> [SWA]local-user client001 class manage
> [SWA-luser-manage-client001]service-type ssh
> [SWA-luser- manage-client001]authorization-attribute user-role network-admin work-directory flash:/

设置 SFTP 用户 client001 的服务类型为 SFTP，认证方式为 publickey，并指定公钥为 Switch001。

> [SWA] ssh user client001 service-type sftp authentication-type publickey assign publickey Switch001

以上配置完成后，在 SWB 上建立到服务器的 SFTP 连接，并指明以用户名 client001 登录。

> < SWB > sftp 10. 0. 0. 1 identity-key rsa
> Username：client001
> Trying 10. 0. 0. 0…
> Press CTRL + K to abort
> Connected to 10. 0. 0. 1…
> The Server is not authenticated. Continue？［Y/N］:Y
> Do you want to save the server public key？［Y/N］:N
> sftp-client >

SWB 通过 SFTP 连接登录到 SWA 上后，可以执行显示、增加、删除目录以及上传、下载文件等操作。

【习　　题】

1. 填空题

1）SSH 是_____的缩写，其服务监听端口号是_____。

2）SSH 协议支持_____、_____和_____三种验证方式。

141

2. 选择题

1）下列关于 SSH 的工作过程，说法正确的是（　　　）。

A. SSH 协商初期，SSH 客户端首先将自己支持的版本信息发送给服务器，格式为"SSH - <主协议版本号>，<次协议版本号> - <软件版本号>"

B. 在 SSH 版本协商过程中，客户端如果发现服务器端的协议版本号比自己的低，且客户端能支持服务器端的低版本，就使用服务器端的低版本号协议

C. 在 SSH 密钥和算法协商阶段，由于密钥没有建立，所以报文传输都是明文进行的

D. SSH 认证阶段，认证的第一步是客户端向服务器发送包含用户名的认证请求，服务器检查如果该用户存在并且需要认证，那么服务器回送一个包含认证方法的 SSH2 MSG USERAUTH FAILURE 报文，通知客户端需要认证

2）下列关于 SFTP 说法错误的是（　　　）。

A. SFTP 是 SSH1.0 中内置的功能

B. SFTP 是 Secure FTP 的简称

C. SFTP 与 SSH 是两种安全协议，没有直接关系

D. 配置 SFTP 服务器时，用户的服务类型可以设置为 SFTP 或者 All

3）配置一台设备作为 SSH 服务器且选择 publickey 认证方式，以下（　　　）配置是必选的。

A. 启动 SSH Server 服务

B. 生成本地密钥对

C. 添加 SSH 用户为 publickey 认证方式，指定用户公共密钥

D. 用户接口的认证方式和协议类型

Chapter

第9章

园区网安全概述

学习目标

1. 了解园区网常见安全威胁
2. 了解端口接入控制
3. 了解访问控制
4. 了解安全连接

园区网在功能和性能日益提升的同时，安全问题也逐渐突出，园区网常见的安全威胁有非法接入网络、非法访问网络资源、报文窃听、MAC 地址欺骗等。本章首先介绍网络安全的概念，然后对园区网中的安全威胁进行逐一介绍，最后介绍对应的安全防范措施，包括安全网络整体架构、端口接入控制、访问控制和安全连接等。

9.1 网络安全概述

网络安全是互联网必须面对的一个实际问题，也是一种综合性技术。一般来说，网络安全具有两层含义：保证内部局域网的安全以及保证内网与外网数据交换的安全。

应从如下几个方面综合考虑整个网络的安全：

1）保护物理网络线路不会轻易遭受攻击。
2）有效识别合法的和非法的用户。
3）实现有效的访问控制。
4）保证内部网络的隐蔽性。
5）有效的防伪手段，重要的数据重点保护。
6）对网络设备、网络拓扑的有效管理。
7）病毒防范。

对于一个指定的园区网来说，要实现它的安全，必须从上面繁杂的内容中进行分析甄别，明确具体目标：要保护什么、可能的网络安全威胁、可采取的安全防护措施。从网络安全关注的内容可以看出，园区网需要保护的资源包括以下方面：

1）网络设备：路由器、交换机等设备能够抵御攻击，可以进行正常的流量转发。
2）运行信息：网络设备能够正常维持内部转发表项如路由表、MAC 地址表，不会出现数据包泛洪的情况。
3）带宽资源：带宽及速率等资源能够抵御流量攻击。

143

4）网络终端：服务器及用户主机能够抵御非法访问，关闭服务器漏洞，避免服务器因受到破坏而无法正常工作。

5）网络数据：保护网络数据包的内容不被篡改，验证报文来自真正的对方。

6）用户信息：保护用户的 ID、密码不被窃听。

园区网常见的安全威胁包括非法接入网络、非法访问网络资源、MAC 地址欺骗和泛洪、远程连接攻击等。

1）非法接入网络：是非法访问网络资源的前提，即使接入网络后不访问网络资源，攻击者也可以采用 DOS 攻击等手段导致网络瘫痪。

2）非法访问网络资源：指非法用户在没有被授权的情况下访问局域网设备或数据，修改网络设备的配置和运行状态，获取数据。

3）MAC 地址欺骗和泛洪：是通过发送大量源 MAC 地址不同的数据报文，使得交换机端口 MAC 地址表学习达到上限，无法学习新的 MAC 地址，从而导致二层数据泛洪。

4）远程连接攻击：对 Telnet 等连接进行攻击，包括截取用户名、密码等用户信息或数据信息，篡改数据并重新投放到网络上等。

9.2 园区网安全防范措施

9.2.1 安全网络整体架构

安全的园区网应该是一个立体防护的网络，从接入用户到边缘设备到核心网络都应该得到有效的保护。为了实现这个目标，应将网络当作一个整体来进行保护，大家熟知的 AAA（Authentication，Authorization，Accounting 即认证、授权、计费）认证架构正好吻合这种思想。

AAA 是网络安全的一种管理机制，提供了认证、授权、计费三种安全功能。

1）认证：确认访问网络的远程用户的身份，判断访问者是否为合法的网络用户。

2）授权：对不同用户赋予不同的权限，限制用户可以使用的服务。例如，管理员授权办公用户才能对服务器中的文件进行访问和打印操作，而其他临时访客不具备此权限。

3）计费：记录用户使用网络服务过程中的所有操作，包括使用的服务类型、起始时间、数据流量等，用于收集和记录用户对网络资源的使用情况，并可以实现针对时间、流量的计费需求，也对网络起到监视作用。

AAA 架构的实现常采用两种协议：远程认证拨号用户服务（Remote Authentication Dial-In User Service，RADIUS）和终端访问控制器接入控制系统（Terminal Access Controller Access Control System，TACACS）。

1）RADIUS 是一种分布式的、客户端/服务器结构的信息交互协议，能保护网络不受未授权访问的干扰，常应用在既要求较高安全性、又允许远程用户访问的各种网络环境中。RADIUS 协议合并了认证和授权的过程，它定义了 RADIUS 的报文格式及其消息传输机制，并规定使用 UDP 作为封装 RADIUS 报文的传输层协议，UDP 端口 1812、1813 分别作为认证/授权、计费端口。

RADIUS 最初仅是针对拨号用户的 AAA 协议，后来随着用户接入方式的多样化发展，RADIUS 也适应多种用户接入方式，如以太网接入、ADSL 接入。它通过认证、授权来提供接入服务，通过计费来收集、记录用户对网络资源的使用。

2）TACACS 与 RADIUS 协议类似，采用客户端/服务器模式实现网络接入设备与 TACACS 服务器之间的通信。其典型应用是对需要登录到设备上进行操作的终端用户进行认证、授权和计费，交换机作为 TACACS 的客户端，将用户名和密码发给 TACACS 服务器进行验证。用户验证通过并得到授权之后可以登录到设备上进行操作。相对于 RADIUS 来说，TACACS 实现了认证和授权的分离，同时增加了命令行授权和计费等安全功能。

9.2.2　端口接入控制

如图 9-1 所示，针对非法接入网络，可以采用端口接入控制技术来防范。端口接入技术包括 IEEE 802.1x 协议、MAC 地址认证和端口安全。

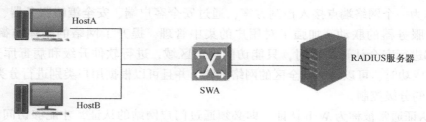

图 9-1　端口接入控制

IEEE 802.1x 协议是一种基于端口的网络接入控制协议，即在局域网接入设备的端口上对所接入的用户和设备进行认证，以便控制用户设备对网络资源的访问。连接在端口上的用户如果能够通过认证，就可以访问局域网的资源；如果认证失败，则无法访问局域网的资源。IEEE 802.1x 系统为典型的客户端/服务器模式，它包括三个实体，客户端（Supplicant）、设备端（Authenticator）和认证服务器（Authentication Server）。用户可以通过启动客户端软件发起 IEEE 802.1x 认证，认证服务器用于实现对用户进行认证、授权和计费，通常为 RADIUS服务器。

MAC 地址认证是一种基于端口和 MAC 地址对用户的网络访问权限进行控制的认证方法，无须安装客户端软件。设备在启动了 MAC 地址认证的端口上首次检测到用户的 MAC 地址以后，启动对该用户的认证操作。认证过程中，不需要用户手动输入用户名或密码。若该用户认证成功，则允许其通过端口访问网络资源，否则该用户的 MAC 地址就被设置为静默 MAC。在静默时间内，来自此 MAC 地址的用户报文到达时，设备直接做丢弃处理，以防止非法 MAC 短时间内的重复认证。端口安全通过对已有的 IEEE 802.1x 认证和 MAC 地址认证进行融合和扩充，在端口上为使用不同认证方式的用户提供基于 MAC 地址的网络接入控制。

端口安全的主要功能包括以下三方面：

1）通过检测端口收到的数据帧中的源 MAC 地址来控制非授权设备或主机对网络的访问。

2）通过检测从端口发出的数据帧中的目的 MAC 地址来控制对非授权设备的访问。

3）通过定义各种端口安全模式，控制端口上的 MAC 地址学习或定义端口上的组合认证方式，让设备学习到合法的源 MAC 地址，以达到相应的网络管理效果。注意：由于端口安全特性通过多种安全模式提供了 IEEE 802.1x 和 MAC 地址认证的扩展和组合应用，因此在需要灵活使用以上两种认证方式的组网环境下，推荐使用端口安全特性。

9.2.3 访问控制

针对越权访问网络资源的用户，可以采用网络访问控制技术进行防范，常用的包括访问控制列表（Access Control List，ACL）、终端准入控制（End user Admission Domination，EAD）和 Portal。

ACL 是一系列用于识别报文流的规则的集合。这里的规则是指描述报文匹配条件的判断语句，匹配条件可以是报文的源地址、目的地址、端口号等。设备依据 ACL 规则识别出特定的报文，并根据预先设定的策略对其进行处理，最常见的应用就是使用 ACL 进行报文过滤。此外，ACL 还可应用于诸如路由、安全、服务质量（Quality of Service，QoS）等业务中识别报文，对这些报文的具体处理方式由应用 ACL 的业务模块来决定。

EAD 作为一个网络端点接入控制方案，通过安全客户端、安全策略服务器、接入设备以及第三方服务器的联动，加强了对用户的集中管理，提升了网络的整体防御能力。当 EAD 客户端进行安全认证失败时，只能访问隔离区域，进行软件升级和病毒库升级操作；当安全认证成功时，可以访问安全区的网络资源，并且可以根据用户类别进行分类控制，达到访问权限的分级控制。

Portal 认证通常被称为 Web 认证，即必须通过门户网站的认证，才能够访问网络资源。Portal 的扩展功能包括通过强制接入终端实施补丁和防病毒策略，加强网络终端对抗病毒攻击的主动防御能力。

9.2.4 安全连接

早期网络设备为了能够远程管理，通常提供的是 Telnet（远程登录）服务。管理员通过输入明文的用户名和密码即可在 IP 可到的情况下远程登录并管理网络设备，但由于用户名和密码的明文传输导致这种管理方式存在严重的安全漏洞。为了降低这种风险，在网络设备和管理终端之间建立一个安全可靠的连接显得非常重要。

如图 9-2 所示，针对 Telnet（远程登录）连接的风险防范，采用一种更为安全的登录连接服务 SSH（Secure Shell，安全外壳）可以很好地提高网络设备的安全性，因为 SSH 采用了加密技术来加密传送的每一个报文，确保攻击者窃听的信息无效。管理用户在一个不安全的网络环境中远程登录设备时，采用 SSH 的加密和认证功能可以免受 IP 欺诈、明文密码截取等攻击。

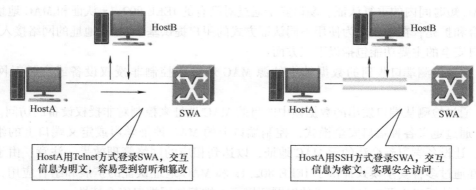

图 9-2 安全连接

SSH 提供三种机制来构成它的安全基础：

1）一个传输层协议，提供了服务器鉴别、数据保密性、数据完整性功能。

2）一个用户鉴别协议，用于服务器鉴别用户。

3）一个链接协议，可以在一条底层 SSH 连接上复用多条逻辑通信通道。

9.2.5　其他安全防范措施

园区网中还会涉及其他的安全技术，包括防火墙（Firewall）、深度报文检测（Deep Packet Inspection，DPI）、虚拟专用网（Virtual Private Network，VPN）技术等。

1）防火墙是一种位于外部网络与内部网络之间的网络安全访问控制系统。外部网络和内部网络之间交互的所有数据流都需要经过防火墙的特定规则处理，才能决定能否将这些数据放行。只有防火墙安全策略允许的网络通信和数据包才能通过，默认阻断所有。

2）DPI 是一种基于应用层信息对经过设备的网络流量进行检测和控制的安全机制。

业务识别：对报文传输层以上的内容进行分析，并与设备中的特征字符串进行匹配来识别业务流的类型。

业务控制：业务识别之后，设备根据各 DPI 业务模块的策略以及规则配置，实现对业务流量的灵活控制。

业务统计：对业务流量的类型、协议解析的结果、特征报文的检测和处理结果等进行统计。

3）VPN 利用公共网络来构建私人专用网络。在公共网络上传输数据，必须提供隧道、加密以及报文的验证，因此 VPN 能够像私有网络一样具有安全性、可靠性、可管理性。

【习　题】

选择题

1）（　　）是网络安全。

A. 保证用户可以随意使用网络资源　　　　　B. 保证内部局域网的安全

C. 保证内部局域网不被非法侵入　　　　　　D. 保证内网与外网数据交换的安全

2）（　　）行为属于网络威胁或者黑客行为。

A. 利用现成的软件后门获取网络管理员的密码

B. 进入自己的计算机并修改数据

C. 利用电子窃听技术获取要害部门的口令

D. 利用工具软件非法攻击网络设备

3）AAA 架构常使用（　　）协议。

A. RADIUS　　　　　　　　　　　　　　　B. PPPoE

C. IEEE 802.1x　　　　　　　　　　　　　 D. TACACS

4）在 H3C 设备上常用的接入协议有（　　）。

A. IEEE 802.1x 协议　　　　　　　　　　　B. Portal 认证

C. MAC 认证　　　　　　　　　　　　　　D. 端口安全

5）（　　）技术或措施可用于园区网的安全防护。

A. SSH　　　　　　　B. VPN　　　　　　C. EAD　　　　　　D. Telnet

Chapter

第10章

AAA、RADIUS和TACACS

 学习目标

1. 掌握 AAA 基本结构和配置
2. 掌握 RADIUS 消息交互流程
3. 掌握 RADIUS 报文结构和属性
4. 掌握 TACACS 认证交互流程
5. 掌握 TACACS 报文结构

AAA 是一个综合的安全管理架构。独立的认证、授权和计费部署可以有效提升网络和设备的安全性，它为网络实体的访问接入、行为授权以及行为记录提供了一套完整的安全机制，具有良好的可扩展性。AAA 服务器通常同网络访问控制、网关服务器、数据库以及用户信息目录等协同工作，目前被广泛应用在网络用户的接入认证以及管理用户的授权认证中，实现用户信息的集中管理和网络安全。本章对 AAA 架构以及常用的 AAA 协议 RADIUS 和 TACACS 进行介绍。

10.1 AAA 架构

10.1.1 AAA 基本结构

AAA 是网络安全的一种管理机制，提供了认证、授权、计费三种安全功能。AAA 一般采用客户端/服务器结构，客户端运行于网络接入服务器（Network Access Server，NAS）上，服务器则集中管理用户信息。

AAA 具有如下的优点：

1）具有良好的扩展性。
2）可以使用标准化的认证方法。
3）容易控制，便于用户信息的集中管理。
4）可以使用多重备用系统来提升整个框架的安全系数。

AAA 的三种安全功能的具体作用如下：

1）认证：确认远端访问用户的身份，判断访问者是否为合法的网络用户。
2）授权：对认证通过的不同用户赋予不同的权限，限制用户可以使用的服务。例如，用户成功登录服务器后，管理员可以授权用户对服务器中的文件进行访问和打印操作。

3）计费：记录用户使用网络服务中的所有操作，包括使用的服务类型、起始时间、数据流量等，它不仅是一种计费手段，也对网络安全起到了监视作用。

AAA 可以通过多种协议来实现，目前常用的是 RADIUS 协议和 TACACS 协议。RADIUS 协议和 TACACS 协议规定了 NAS 与服务器之间如何传递用户信息。两者在结构上都采取客户端/服务器模式，都使用公共密钥对传输的用户信息进行加密，都有较好的灵活性和可扩展性；两者之间的区别主要体现在传输协议的使用、信息包加密、认证授权分离、多协议支持等方面。

H3C 交换机同时提供本地认证功能，即将用户信息（包括用户名、密码和各种属性）配置在设备的本地存储空间，此认证类型的优点是认证速度快。

如图 10-1 所示，在 AAA 基本结构中，用户可以根据实际组网需求来决定认证、授权、计费功能分别由使用哪种协议的服务器来承担，其中 NAS 负责把用户的认证、授权、计费信息透传给服务器（RADIUS 服务器或 TACACS 服务器）。例如，可以用 TACACS 服务器实现认证和授权，用 RADIUS 服务器实现计费。当然用户也可以只使用 AAA 提供的一种或两种安全服务。

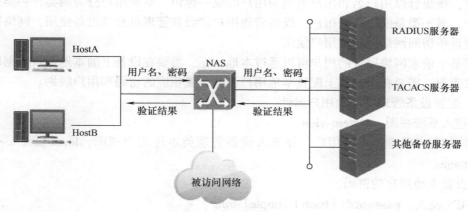

图 10-1　AAA 基本结构

通过对认证、授权、计费服务器进行详细配置，AAA 能够对多种服务提供安全保证，包括 FTP 服务、Telnet 服务、PPP、端口控制等。

在 AAA 中，三种安全功能原则上是三个独立的业务流程，但在 RADIUS 协议实现中，为了简化将授权行为融合到了认证流程中，往往授权行为在认证的最后一个步骤完成。AAA 的整体完成流程如下：

1）当用户从远程位置发送访问网络服务器的请求时，它必须向服务器标识自己。请求通常由"凭据"组成，通常采用用户名和密码或密码短语的形式。请求还发送诸如拨号电话号码或网络地址等信息以验证用户的身份。AAA 服务器会根据其数据库检查用户的信息。

2）验证身份后，网络会发回一个"拒绝访问"或"接受访问"的响应。如果拒绝访问，则用户将被完全拒绝访问网络，这通常是因为未经确认或无效的凭据。如果访问被质询，为了验证用户，网络将请求附加信息，通常这发生在安全级别更高的网络中。如果接受访问，则对用户进行身份验证，并授予对网络的访问权限。

3）一旦认证，服务器将检查用户是否被授权访问用户请求使用的特定程序或页面。某些用户将被允许访问服务器的某些部分，但不会被授权使用其他部分。

4）AAA 服务器协议中的最后一个过程是记账访问 AAA 服务器时，会向服务器发送一个"记账开始"信号。当用户在网络上时，临时访问信号可能会发送到 AAA 服务器，以便更新用户的会话。

5）当用户关闭网络访问时，"记账停止"信号将被传输并记录在网络中，提供有关时间、传输的数据和其他有关用户访问的信息。发送这些数据是为了让用户可以为其使用计费，但也可以用于安全、监视或统计收集目的。

10.1.2 AAA 配置

AAA 配置可以分为本地认证或远程认证方案，远程认证时需要配置 RADIUS 方案或 HWTACACS 方案或 LDAP 方案。本小节主要介绍本地认证方案和 RADIUS 方案。

1. 本地认证方案

当选择使用本地认证、本地授权、本地计费方法对用户进行认证、授权或计费时，应在设备上创建本地用户并配置相关属性。所谓本地用户，是指在本地设备上设置的一组用户属性的集合，该集合以用户名和用户类别为用户的唯一标识。本地用户分为两类，一类是设备管理用户，另一类是网络接入用户。设备管理用户供设备管理员登录设备使用，网络接入用户供通过设备访问网络服务的用户使用。

为使某个请求网络服务的用户可以通过本地认证，需要在设备上的本地用户数据库中添加相应的表项，需要在交换机上配置本地用户名并设置相应的密码和用户级别。

（1）配置设备管理类本地用户属性

1）进入系统视图：**system-view**。

2）添加设备管理类本地用户，并进入设备管理类本地用户视图：**local-user** *user-name* **class manage**。

3）设置本地用户的密码。

非 FIPS 模式：**password**[{**hash** | **simple**}*string*]。

可以不为本地用户设置密码。为提高用户账户的安全性，建议设置本地用户密码。

FIPS 模式：**password**。

必须且只能通过交互式方式设置明文密码，否则用户的本地认证不能成功。

4）设置本地用户可以使用的服务类型。

非 FIPS 模式：**service-type**{**ftp** | {**http** | **https** | **ssh** | **telnet** | **terminal**} * }。

FIPS 模式：**service-type**{**https** | **ssh** | **terminal**} * 。

默认情况下，本地用户不能使用任何服务类型。

5）（可选）设置本地用户的状态：**state**{**active** | **block**}。

默认情况下，本地用户处于活动状态，即允许该用户请求网络服务。

6）（可选）设置使用当前本地用户名接入设备的最大用户数：**access-limit** *max-user-number*。

默认情况下，不限制使用当前本地用户名接入的用户数。

由于 FTP/SFTP/SCP 用户不支持计费，因此 FTP/SFTP/SCP 用户不受此属性限制。

7）（可选）设置本地用户的绑定属性：**bind-attribute location interface** *interface-type* *interface-number*。

默认情况下，未设置本地用户的绑定属性。

8）（可选）设置本地用户的授权属性：**authorization-attribute** { **idle-cut** *minutes* | **user-role** *role-name* | **work-directory** *directory-name* } * 。

默认情况下，授权 FTP/SFTP/SCP 用户可以访问的目录为设备的根目录，但无访问权限。

由用户角色为 network-admin 或者 level-15 的用户创建的本地用户被授权用户角色 network-operator。

9）（可选）设置设备管理类本地用户的密码管理属性。请至少选择其中一项进行配置。

设置密码老化时间：**password-control aging** *aging-time*。

设置密码最小长度：**password-control length** *length*。

设置密码组合策略：**password-control composition type-number** *type-number* [**type-length** *type-length*]。

设置密码的复杂度检查策略：**password-control complexity** { **same-character** | **user-name** } **check**。

设置用户登录尝试次数以及登录尝试失败后的行为：**password-control login-attempt** *login-times* [**exceed** { **lock** | **lock-time** *time* | **unlock** }]。

默认情况下，采用本地用户所属用户组的密码管理策略。

10）（可选）设置本地用户所属的用户组：**group** *group-name*。

默认情况下，本地用户属于用户组 system。

（2）配置网络接入类本地用户属性

1）进入系统视图：**system-view**。

2）添加网络接入类本地用户，并进入网络接入类本地用户视图：**local-user** *user-name* **class network**。

3）（可选）设置本地用户的密码：**password** { **cipher** | **simple** } *string*。

4）（可选）设置本地用户的描述信息：**description** *text*。

默认情况下，未配置本地用户的描述信息。

5）设置本地用户可以使用的服务类型：**service-type** { **lan-access** | **portal** }。

默认情况下，本地用户不能使用任何服务类型。

6）（可选）设置本地用户的状态：**state** { **active** | **block** }。

默认情况下，本地用户处于活动状态，即允许该用户请求网络服务。

7）（可选）设置使用当前本地用户名接入设备的最大用户数：**access-limit** *max-user-number*。

默认情况下，不限制使用当前本地用户名接入的用户数。

8）（可选）设置本地用户的绑定属性：**bind-attribute** { **ip** *ip-address* | **locationinterface** *interface-type interface-number* | **mac** *mac-address* | **vlan** *vlan-id* } * 。

默认情况下，未设置本地用户的任何绑定属性。

9）（可选）设置本地用户的授权属性：**authorization-attribute** { **acl** *acl-number* | **idle-cut** *minutes* | **ip-pool** *ipv4-pool-name* | **ipv6-pool** *ipv6-pool-name* | **session-timeout** *minutes* | **user-profile**

profile-name │**vlan** *vlan-id*} * 。

默认情况下，本地用户无授权属性。

10）（可选）设置网络接入类本地用户的密码管理属性。请至少选择其中一项进行配置。

设置密码最小长度：**password-control length** *length*。

设置密码组合策略：**password-control composition type-number** *type-number*[**type-length** *type-length*]。

设置密码的复杂度检查策略：**password-control complexity**{**same-character**│**user-name**}**check**。

默认情况下，采用本地用户所属用户组的密码管理策略。

11）（可选）设置本地用户所属的用户组：**group** *group-name*。

默认情况下，本地用户属于用户组 system。

12）（可选）设置本地用户的有效期：**validity-datetime**{**from** *start-date start-time* **to** *expiration-date expiration-time*│**from** *start-date start-time*│**to** *expiration-date expiration-time*}。

默认情况下，未限制本地用户的有效期，该用户始终有效。

2. RADIUS 方案

（1）配置 EAP 认证方案

1）进入系统视图：**system-view**。

2）创建 EAP 认证方案，并进入 EAP 认证方案视图：**eap-profile** *eap-profile-name*。

3）配置 EAP 认证方法：**method**{**md5**│**peap-gtc**│**peap-mschapv2**│**ttls-gtc**│**ttls-mschapv2**}。

默认情况下，采用的 EAP 认证方法为 MD5-Challenge。

4）配置当前认证方案要使用的 CA 证书：**ca-file** *file-name*。

默认情况下，未配置 CA 证书。

当使用 EAP 认证方法为 PEAP-GTC、PEAP-MSCHAPv2、TTLS-GTC、TTLS-MSCHAPv2 时，则需要通过本命令配置使用的 CA 证书，用于校验服务器证书。

（2）配置 RADIUS 服务器探测模板

1）进入系统视图：**system-view**。

2）配置 RADIUS 服务器探测模板：**radius-server test-profile** *profile-name* **username** *name* [**password**{**cipher**│**simple**}*string*][**interval** *interval*][**eap-profile** *eap-profile-name*]。

（3）创建 RADIUS 方案

1）进入系统视图：**system-view**。

2）创建 RADIUS 方案，并进入 RADIUS 方案视图：**radius scheme** *radius-scheme-name*。

（4）配置 RADIUS 认证服务器

1）进入系统视图：**system-view**。

2）进入 RADIUS 方案视图：**radius scheme** *radius-scheme-name*。

3）配置主 RADIUS 认证服务器：**primary authentication**{*host-name*│*ipv4-address*│**ipv6** *ipv6-address*}[*port-number*│**key**{**cipher**│**simple**}*string*│**test-profile** *profile-name*│**vpn-instance** *vpn-instance-name*│**weight** *weight-value*] * 。

默认情况下，未配置主 RADIUS 认证服务器。

仅在 RADIUS 服务器负载分担功能处于开启状态下，参数 **weight** 才能生效。

4）（可选）配置从 RADIUS 认证服务器：**secondary authentication** { *host-name* | *ipv4-address* | **ipv6** *ipv6-address* } [*port-number* | **key** { **cipher** | **simple** } *string* | **test-profile** *profile-name* | **vpn-instance** *vpn-instance-name* | **weight** *weight-value*] * 。

默认情况下，未配置从 RADIUS 认证服务器。

仅在 RADIUS 服务器负载分担功能处于开启状态下，参数 **weight** 才能生效。

（5）配置 RADIUS 计费服务器

1）进入系统视图：**system-view**。

2）进入 RADIUS 方案视图：**radius scheme** *radius-scheme-name*。

3）配置主 RADIUS 计费服务器：**primary accounting** { *host-name* | *ipv4-address* | **ipv6** *ipv6-address* } [*port-number* | **key** { **cipher** | **simple** } *string* | **vpn-instance** *vpn-instance-name* | **weight** *weight-value*] * 。

默认情况下，未配置主 RADIUS 计费服务器。

仅在 RADIUS 服务器负载分担功能处于开启状态下，参数 **weight** 才能生效。

4）（可选）配置从 RADIUS 计费服务器：**secondary accounting** { *host-name* | *ipv4-address* | **ipv6** *ipv6-address* } [*port-number* | **key** { **cipher** | **simple** } *string* | **vpn-instance** *vpn-instance-name* | **weight** *weight-value*] * 。

默认情况下，未配置从 RADIUS 计费服务器。

仅在 RADIUS 服务器负载分担功能处于开启状态下，参数 **weight** 才能生效。

（6）配置 RADIUS 报文的共享密钥

1）进入系统视图：**system-view**。

2）进入 RADIUS 方案视图：**radius scheme** *radius-scheme-name*。

3）配置 RADIUS 报文的共享密钥：**key** { **accounting** | **authentication** } { **cipher** | **simple** } *string*。

默认情况下，未配置 RADIUS 报文的共享密钥。

（7）配置 RADIUS 方案所属的 VPN

1）进入系统视图：**system-view**。

2）进入 RADIUS 方案视图：**radius scheme** *radius-scheme-name*。

3）配置 RADIUS 方案所属的 VPN：**vpn-instance** *vpn-instance-name*。

默认情况下，RADIUS 方案属于公网。

10.2 RADIUS 协议

10.2.1 RADIUS 协议概述

RADIUS 是一种分布式、客户端/服务器结构的信息交互协议，能保护网络不受未授权访问的干扰，常应用在其要求较高安全性，又允许远程用户访问的各种网络环境中。该协议定义了 UDP 端口 1812、1813 分别作为认证、计费端口。

任何运行 RADIUS 客户端软件的计算机都可以成为 RADIUS 的客户端。RADIUS 协议认证机制灵活，可以采用 PAP、CHAP 或者 UNIX 登录认证等多种方式。RADIUS 是一种可扩展的协议，它进行的全部工作都是基于 Attribute-Length-Value 的向量进行的。RADIUS 也支持厂商扩充厂家专有属性。

RADIUS 最初仅是针对拨号用户的 AAA 协议，后来随着用户接入方式的多样化发展，RADIUS 也适应多种用户接入方式，如以太网接入、ADSL 接入。它通过认证、授权来提供接入服务，通过计费来收集、记录用户对网络资源的使用。

当 RADIUS 系统启动后，如果用户想要通过与 NAS（即 RADIUS 客户端）建立连接从而获得访问其他网络的权利或取得使用某些网络资源的权利时，NAS 上有一个用户数据，其中包含了所有的用户认证和网络服务访问信息。RADIUS 服务器将在接收到 NAS 传来的用户请求后，通过对用户数据库的查找、更新，完成相应的认证、授权和计费工作，并把用户所需的配置信息和计费统计数据返回给 NAS，在这里 NAS 起到了控制接入用户及对应连接的作用，而 RADIUS 协议则规定了 NAS 与 RADIUS 服务器之间如何传递用户配置信息和计费信息。NAS 和 RADIUS 之间信息的交互是通过将信息承载在 UDP 报文中来完成的。在这个过程中，交互双方将使用密钥对报文进行加密，以保证用户的配置信息（如密码）被加密后才在网络上传递，从而避免它们被侦听、窃取。

RADIUS 的客户端/服务器模式如下：

1）NAS 设备作为 RADIUS 客户端，负责传输用户信息到指定的 RADIUS 服务器上，然后根据从服务器返回的信息进行相应处理（如接入/挂断用户）。

2）RADIUS 服务器负责接收用户连接请求，认证用户，给设备返回所需要的信息。

RADIUS 客户端与服务器之间认证消息的交互是通过共享密钥的参与来完成的，并且共享密钥不能通过网络来传输，增强了信息交互的安全性，同时在传输过程中对用户密码进行了加密。RADIUS 服务器支持多种方法来认证用户，如基于 PPP 的 PAP、CHAP 认证等。

10.2.2　RADIUS 消息交互流程

如图 10-2 所示，RADIUS 消息交互流程如下：

1）用户发起连接请求，输入用户名和密码。

2）RADIUS 客户端根据获取的用户名和密码，向 RADIUS 服务器发送认证请求（Access-Request），密码在共享密钥的参与下进行加密处理。

3）RADIUS 服务器对用户名和密码进行认证。如果认证成功，RADIUS 服务器向 RADIUS客户端发送认证接受（Access-Accept），同时也包含用户的授权信息；如果认证失败，则返回认证拒绝（Access-Reject）。

4）RADIUS 客户端根据接收到的认证结果接入/拒绝用户。如果允许用户接入，RADIUS 客户端则向服务器发送计费开始请求（Accounting-Request）。

5）RADIUS 服务器返回计费开始请求响应（Accounting-Response），并开始计费。

6）用户开始访问网络资源。

7）若用户请求断开连接，RADIUS 客户端向 RADIUS 服务器发送计费结束请求（Accounting-Request）。

8）RADIUS 服务器返回计费结束请求响应（Accounting-Response），并停止计费。

9）通知用户结束访问网络资源。

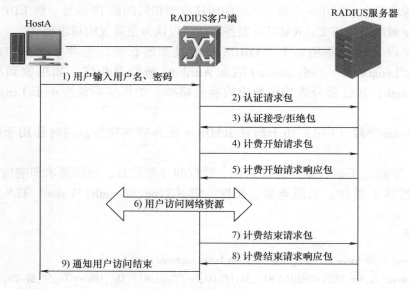

图 10-2　RADIUS 消息交互流程

10.2.3　RADIUS 报文结构

RADIUS 采用 UDP 报文来传输消息，通过定时器管理机制、报文重传机制、备用服务器机制，确保 RADIUS 服务器和客户端之间交互消息的正确收发。同时 RADIUS 报文采用 TLV 结构封装用户属性，易于扩展更多的用户属性。如图 10-3 所示，RADIUS 报文由 Code、Identifier、Length、Authenticator 和 Attribute 等字段组成，各字段含义如下。

Code	Identifier	Length
Authenticator		
Attribute		

图 10-3　RADIUS 报文结构

Code 字段（1B）表示 RADIUS 报文的类型，如表 10-1 所示。

表 10-1　Code 字段主要取值说明

Code	报文类型	报文说明
1	Access-Request（认证请求）	Client→Server，Client 将用户信息传输到 Server，以判断是否接入该用户
2	Access-Accept（认证接受）	Server→Client，如果认证通过，则传输该类型报文
3	Access-Reject（认证拒绝）	Server→Client，如果认证失败，则传输该类型报文
4	Accounting-Request（计费请求）	Client→Server，请求 Server 开始计费，由 Acet-Status-Type 属性区分计费开始请求和计费结束请求
5	Accounting-Response（计费响应）	Server→Client，Server 通知 Client 已经收到计费请求报文并已经正确记录计费信息

Identifier 字段（1B）表示报文的 ID，用于匹配请求报文和响应报文，以及检测一段时间内重发的请求报文。如在一个很短的时间内接收到相同的源 IP 地址、源 UDP 端口号和相同的 Identifier 域的请求报文，RADIUS 服务器就可以认为是重复的请求报文。

Length 字段（2B）指明整个 RADIUS 数据报文的长度，包含了报文中的 Code 域、Identifier 域、Length 域、Authenticator 域和 Attribute 域的总长度。如果收到的报文实际长度超过 Length，超过部分被当作填充内容忽略掉；如果实际长度小于 Length，报文被丢弃。

Authenticator 字段（16B）用于验证 RADIUS 服务器的应答，同时还用于密码信息的加密。

Attribute 字段（不定长度）携带认证、授权和计费信息，提供请求和响应报文的配置细节，可包括多个属性，采用类型、长度、值（Type、Length、Value，TLV）的三元组结构。

报文示例：

⊞ Frame 1：98 bytes on wire(784 bits),96 bytes captured(768 bits)
⊞ Ethernet II,Src：IETF-VRRP-VRID_81(00：00：5e：00：01：81),Dst：HuaweiTe_54：87：26(0)
⊞ Internet Protocol,Src：10. 137. 162. 163(10. 137. 162. 163),Ost：10. 137. 109. 108(10. 1)
⊞ User Datagram Protocl,Src Port：tdp-suite(1814),Dst Port：icl-twobasel(25000)
⊟ Radius Protocol
    Code：Access-Request(1)
    Packet identifier：0x65(101)
    Length：56
    Authenticator：e1671797cs2e15f763380b45e841ec32
    ⊟ Attribute Value Pairs
        ⊟ AVP：1 = 6 t = NAS-Port(5)：1814
            NAS-Port：1814
        ⊟ AVP：1 = 6 t = NAS-IP-Address(4)：10. 135. 14. 126
            NAS-IP-Address：10. 135. 14. 126(10. 135. 14. 126)
        ⊟ AVP：1 = 6 t = User-Name(1)：test
            User-Name：test
        AVP：1 = 18 t = User-Password(2)：Encrypted
    ［Packet size limited during capture：RADIUS truncated］

10.2.4　RADIUS 属性

RADIUS 报文中 Attribute（属性）字段专门携带认证、授权和计费信息，提供请求报文和响应报文的配置细节。该字段采用 TLV 三元组结构提供。

1）类型（Type）字段（1B）取值为 1 ~ 255，用于表示属性类型，表 10-2 列出了 RADIUS 认证、授权常用的属性。

2）长度（Length）字段（1B）指示 TLV 属性的长度，单位为 B。其长度包括类型字段、长度字段和属性字段。

3）属性值（Value）字段包括属性的具体内容信息，其格式和内容由类型字段和长度字段决定，最大长度为 253B。

表 10-2　常用 RADIUS 标准属性

属性编号	属性名称	描　　述
1	User-Name	需要进行认证的用户名称
2	User-Password	需要进行 PAP 方式认证的用户密码，在采用 PAP 方式认证时，该属性仅出现在 Access-Request 报文中
3	CHAP-Password	需要进行 CHAP 方式认证的用户密码摘要，在采用 CHAP 方式认证时，该属性出现在 Access-Request 报文中
4	NAS-IP-Address	Server 通过不同的 IP 地址来标识不同的 Client，通常 Client 采用本地一个接口 IP 地址来唯一标识自己，即 NAS-IP-Address。该属性指示当前发起请求的 Client 的 NAS-IP-Address，仅出现在 Access-Request 报文中
5	NAS-Port	用户接入 NAS 的物理端口号
6	Service-Type	用户申请认证的业务类型
8	Framed-IP-Address	为用户所配置的 IP 地址
11	Filter-ID	访问控制列表的名称
15	Login-Service	用户登录设备时采用的服务类型
26	Vendor-Specific	厂商自定义的私有属性。一个报文中可以有一个或多个私有属性，每个私有属性中可以有一个或多个子属性
31	Calling-Station-ID	NAS 用于向 Server 告知标识用户的号码，在 H3C 设备提供的 LAN-Access 业务中，该字段填充的是用户 MAC 地址，采用 "HHHH-HHHH-HHHH" 格式封装

RADIUS 协议除了提供标准的 TLV 属性外，还预留了 26 号属性（Vendor-Specific）。该属性便于设备厂商对 RADIUS 协议进行扩展，以实现标准 RADIUS 没有定义的功能。如图 10-4所示，设备厂商可以在 Type 为 Vendor-Specific 的属性中定义更多的私有 RADIUS 属性。

Type	Length	Vendor-ID	
Vendor-ID		Type(Specified)	Length(Specified)
Specified Attribute Value			

图 10-4　RADIUS 协议中 26 号属性用于扩展

在 Vendor-Specific 属性 TLV 结构中，Vendor-ID 字段占 4B，代表设备厂商 ID。设备厂商可以定义多个私有的 TLV 子属性并封装在 26 号属性中，从而通过 RAIDUS 协议扩展更多的功能和应用。H3C 根据需要也定义了多个扩展子属性，常见的扩展子属性如表 10-3 所示，比如 29 号扩展子属性用于指示管理用户的管理级别。

表 10-3　H3C RADIUS 扩展子属性

子属性编号	子属性名称	描　述
1	Input-Peak-Rate	用户接入到 NAS 的峰值速率，以 bit/s 为单位
5	Output-Average-Rate	从 NAS 到用户的平均速率，以 bit/s 为单位
28	Ftp_Directory	FTP 用户工作目录
29	Exec_Privilege	EXEC 用户优先级
59	NAS_Startup_Timestamp	NAS 系统启动时刻，以 s 为单位
60	lP_Host_Addr	认证请求和计费请求报文中携带的用户 IP 地址和 MAC 地址，格式为"A. B. C. D hh：hh：hh：hh：hh：hh"
61	User_Notify	服务器需要透传到客户端的信息

10.3　TACACS 协议

10.3.1　TACACS 协议概述

　　TACACS 与 RADIUS 类似，采用客户端/服务器模式通信，在 UNIX 网络中与认证服务器进行通信。NAS 作为 Client 与 TACACS 服务器交互协议报文来实现接入用户认证、授权和计费。

　　TACACS 允许客户端接受用户名和口令，并发往通常称作 TACACS 守护进程（或者简单地称作 TACACSD）的 TACACS 认证服务器，这个服务器一般是在主机上运行的一个程序。主机将决定是否接受或拒绝请求，并发回一个响应。TIP（用户想要登录的接受拨入链接的路由节点）将基于这个响应接受或拒绝访问。这样，做出决定的过程是"向上开放"（opened up）的，做出决定所用的算法和数据完全由 TACACS 守护进程的运行者控制。

　　与 RADIUS 协议相比，TACACS 协议具有更为可靠的传输和加密机制，更加适合于安全控制。两者的主要区别如表 10-4 所示。

表 10-4　RADIUS 协议与 TACACS 协议的比较

RADIUS 协议	TACACS 协议
使用 UDP 传输，网络传输效率更高	使用 TCP 传输，网络传输更可靠
只对认证报文中的密码字段进行加密	除 TACACS 报文头外，对报文主体全部进行加密
协议报文结构简单，认证和授权统一，必须由同一服务器实现	协议报文较为复杂，认证和授权相互独立，可以由不同的服务器实现
不支持对设备的配置命令进行授权，用户登录设备后可以使用的命令行由用户级别决定	支持对设备的配置命令进行授权，用户可使用的命令行受到用户级别和 AAA 授权的双重限制

10.3.2　HWTACACS 协议交互流程

　　H3C 设备实现的 HW 终端访问控制器接入控制系统（HWTACACS），是在 TACACS 基础上进行了功能增强的安全协议。

　　HWTACACS 认证大多数应用在需要授权功能的场合，如 Telnet 管理用户的命令行授权功能。在此以 Telnet 用户为例，来说明整个认证、授权、计费过程中的消息交互过程，如图 10-5 所示。

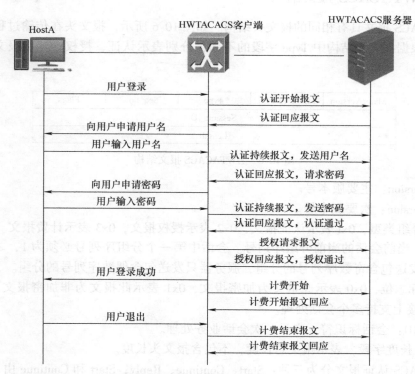

图 10-5　HWTACACS 交互过程（Telnet）

　　基本信息交互流程如下：

　　1）用户请求登录设备，HWTACACS 客户端收到请求后，向 HWTACACS 服务器发送认证开始报文。

　　2）HWTACACS 服务器发送认证回应报文，请求用户名。HWTACACS 客户端收到回应报文后，向用户询问用户名。

　　3）HWTACACS 客户端收到用户名后，向服务器发送认证持续报文，其中包括用户名。

　　4）HWTACACS 服务器发送认证回应报文，请求登录密码。HWTACACS 客户端收到回应报文，向用户申请登录密码。

　　5）HWTACACS 客户端收到登录密码后，向服务器发送认证持续报文，其中包括登录密码。

　　6）HWTACACS 服务器发送认证回应报文，指示用户通过认证。

　　7）HWTACACS 客户端向服务器发送授权请求报文。

　　8）HWTACACS 服务器发送授权成功报文，指示用户通过授权。

　　9）HWTACACS 客户端收到授权成功报文，向用户输出登录设备的配置界面。

　　10）HWTACACS 客户端向服务器发送计费开始报文。

11）HWTACACS 服务器发送计费回应报文，指示计费开始报文已经收到。

12）如果用户退出，HWTACACS 客户端向服务器发送计费结束报文。

13）HWTACACS 服务器发送计费回应报文，指示计费结束报文已经收到。

10.3.3 HWTACACS 报文结构

HWTACACS 报文具有相同的报文头结构。如图 10-6 所示，报文头在传输过程中不进行加密处理。根据报文头结构中 Type 字段的不同，分别表示认证、授权、计费报文。各字段解释如下。

Major Version	Minor Version	Type	Seq_no	Flags
Session_ID				
Length				

图 10-6　HWTACACS 报文结构

Major Version：主要版本号。

Minor Version：次要版本号。

Type：分组类型，0x1 表示认证报文，0x2 表示授权报文，0x3 表示计费报文。

Seq_no：当前会话的当前分组序列号。会话中第一个分组序列号必须为 1，之后依次递增。NAS 只发送包含奇数序列号的分组，服务器只发送包含偶数序列号的分组。

Flags：标志位，0x0 表示此报文为加密报文，0x1 表示此报文为非加密报文，0x4 表示一个 TCP 连接上支持多个会话处理。

Session_ID：会话标识符，表示一次会话业务处理。

Length：长度字段，表示报文总长度，不包含报文头长度。

HWTACACS 认证报文分为三种：Start、Continue、Reply，Start 和 Continue 由 NAS 发送。Reply 则由 TACACS 服务器发送。授权过程通过授权请求报文（Request）和授权响应报文（Response）来完成，计费过程与授权过程类似，分为计费请求报文和计费响应报文。

【习　题】

1. 填空题

AAA 是_____、_____、_____的缩写，包含了_____、_____、_____三种功能。

2. 选择题

1）AAA 可以对（　　）服务提供安全保证。

A. FTP　　　　　　B. Telnet　　　　　　C. PPP　　　　　　D. Portal

2）RADIUS 协议基于（　　）传输协议，TACACS 协议基于（　　）传输协议。

A. IP　　　　　　B. TCP　　　　　　C. UDP　　　　　　D. IEEE 802.1x

3）RADIUS 协议的端口认证号是（　　）。

A. 1645　　B. 1812　　C. 1646　　D. 1813　　E. 49

4）NAS 一般指的是（　　）。

A. 用户　　　　　　　　B. 交换机　　　　　　C. 认证服务器

D. 计费服务器　　　　　E. 授权服务器

5）对于 AAA 来说，（　　）是客户端，（　　）是服务器端；对于用户来说，（　　）是客户端，（　　）是服务器端。

A. 用户　　　　　　　　B. 交换机　　　　　　C. 认证服务器

D. 计费服务器　　　　　E. 授权服务器

6）如果在 ISP 域上配置了 authentication default radius-scheme radius-scheme-namelocal，则针对 local，（　　）说法正确。

A. local 表示本地认证

B. 当用户进行远程认证失败时，转为本地认证

C. 当远程服务器不响应时，转为本地认证

D. 本地认证和远程认证同时执行

7）H3C 交换机与 IMC 服务器配合，可完成（　　）AAA 功能。

A. 记录用户上网时长与流量　　　　　　B. 服务器将信息透传给用户

C. 下发 EXEC 用户的优先级　　　　　　D. 下发 FTP 用户的工作目录

第11章

端口接入控制

学习目标

1. 掌握 IEEE 802.1x 协议体系结构
2. 掌握 EAP 中继方式和终结方式的认证流程
3. 掌握 Dynamic VLAN 和 Guest VLAN
4. 掌握 IEEE 802.1x 基本配置命令
5. 掌握 MAC 地址认证的配置命令
6. 掌握端口安全的模式和配置命令

端口接入控制的主要目的是验证接入用户身份的合法性，以及在认证的基础上对用户的网络接入行为进行授权和计费。目前有多种方式实现端口接入控制。H3C 设备提供的端口接入控制技术主要有 IEEE 802.1x 认证、MAC 地址认证、端口安全。本章将对上述接入控制技术的工作机制和配置进行详细介绍。

11.1 IEEE 802.1x 协议介绍

11.1.1 IEEE 802.1x 协议体系结构

2001 年，IEEE 802LAN/WAN 委员会为解决无线局域网的网络安全问题，提出了 IEEE 802.1x协议，并在 2004 年最终完成了该协议的标准化。如图 11-1 所示，IEEE 802.1x 协议作为局域网端口的一个普通接入控制协议在以太网中被广泛应用，主要解决以太网接入用户的认证和安全问题。

IEEE 802.1x 协议是一种基于端口的网络接入控制协议（Port-Based Network Access Control Protocol）。"基于端口的网络接入控制"是指在局域网接入设备的端口上对所接入的用户设备进行认证和控制。连接在端口上的用户设备如果能通过认证，就可以访问网络中的资源；如果不能通过认证，则无法访问网络中的资源。

如图 11-2 所示，IEEE 802.1x 系统为典型的 Client/Server 结构，包括三个实体：认证客户端、认证设备和认证服务器。

1）认证客户端是局域网链路用户侧的网络实体，由认证设备对其进行认证。认证客户端一般为用户终端设备，用户可以通过启动客户端软件发起 IEEE 802.1x 认证。客户端必须支持基于局域网的可扩展认证协议（Extensible Authentication Protocol over LAN，EAPoL）。

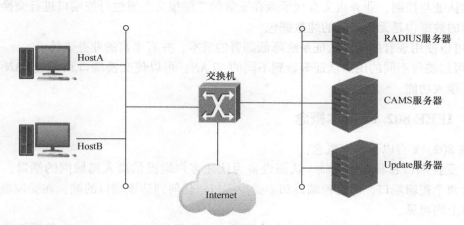

图 11-1　IEEE 802.1x 概念

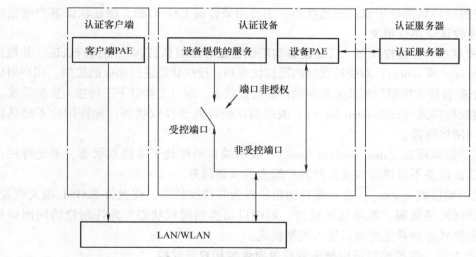

图 11-2　IEEE 802.1x 协议体系结构

2）认证设备是局域网链路网络侧的网络实体，对所连接的认证客户端进行认证。认证设备通常为支持 IEEE 802.1x 协议的网络设备，它为客户端提供接入局域网的端口，该端口可以是物理端口，也可以是逻辑端口。

3）认证服务器是为认证设备提供认证服务的网络实体。认证服务器用于实现对认证客户端进行认证、授权和计费，通常为 RADIUS 服务器或 TACACS 服务器。

基于以太网端口认证的 IEEE 802.1x 协议有如下特点：

1）IEEE 802.1x 协议为二层协议，不需要到达三层，对设备的整体性能要求不高，可以有效降低建网成本。

2）借用了在 RAS 系统中常用的可扩展认证协议（EAP），可以提供良好的扩展性和适应性，实现对传统 PPP 认证架构的兼容。

3）IEEE 802.1x 的认证体系结构中采用了"可控端口"和"不可控端口"的逻辑功能，从而可以实现业务与认证的分离，由 RADIUS 和交换机利用不可控的逻辑端口共同完成对用户的认证与控制，业务报文直接承载在正常的二层报文上通过可控端口进行交换，通过认证之后的数据包是无须封装的纯数据包。

4）可以使用现有的后台认证系统降低部署的成本，并有丰富的业务支持。

5）可以映射不同的用户认证等级到不同的 VLAN；可以使交换端口和无线 LAN 具有安全的认证接入功能。

11.1.2　IEEE 802.1x 基本概念

IEEE 802.1x 有以下基本概念：

（1）受控端口和非受控端口　认证设备为认证客户端提供接入局域网的端口，该端口被划分为两个逻辑端口，即受控端口和非受控端口。任何到达该端口的帧，在受控端口与非受控端口上均可见。

1）受控端口在授权状态下处于双向连通状态，用于传递业务报文；在非授权状态下禁止从客户端接收任何报文。

2）非受控端口始终处于双向连通状态，主要用来传递 EAPoL 帧，保证认证客户端始终能够发出或接收认证协议报文。

（2）授权状态和非授权状态　认证设备利用认证服务器对认证客户端执行认证，并根据认证结果（Accept 或 Reject）对受控端口的授权状态和非授权状态进行相应的控制。用户可以通过在端口下配置接入控制的模式来控制端口的授权状态。端口支持以下三种接入控制模式。

1）强制授权模式（authorized-force）：表示端口始终处于授权状态，允许用户不经认证授权即可访问网络资源。

2）强制非授权模式（unauthorized-force）：表示端口始终处于非授权状态，不允许用户进行认证。认证设备不对该端口接入的客户端提供认证服务。

3）自动识别模式（auto）：表示端口初始状态为非授权状态，仅允许 EAPoL 报文收发，不允许用户访问网络资源，如果认证通过，则端口切换到授权状态，允许用户访问网络资源。自动识别模式是最常见的端口接入控制模式。

（3）受控方向　受控端口可以被设置成单向受控和双向受控。

1）实行单向受控时，禁止从客户端接收数据帧，但允许向客户端发送数据帧。

2）实行双向受控时，禁止数据帧的发送和接收。

（4）端口接入控制方式　端口接入控制方式包括基于端口和基于 MAC 两种方式。

1）当采用基于端口控制方式时，只要该端口下的第一个用户认证成功后，其他接入该端口下的用户无须认证即可使用网络资源，但是当第一个用户下线后，其他用户也会被拒绝使用网络。

2）当采用基于 MAC 控制方式时，该端口下的所有接入用户均需要单独认证，当某个用户下线时，也只有该用户无法使用网络，其他认证用户不受影响。

11.1.3　IEEE 802.1x 认证触发方式和认证方式的分类

1. 认证触发方式的分类

IEEE 802.1x 的认证触发方式分为两种：认证客户端主动触发和认证设备主动触发。

（1）认证客户端主动触发　认证客户端主动向认证设备发送 EAPoL-Start 报文来触发认

证，该报文的目的地址是由 IEEE 802.1x 协议分配的一个组播 MAC 地址：01 – 80 – C2 – 00 – 00 – 03。如果认证设备和认证客户端之间还存在其他网络设备，某些网络设备可能不支持 EAPoL-Start 组播报文的转发，使得认证设备无法收到认证客户端的认证请求。为了兼容上述情况，H3C 认证客户端和认证设备还支持广播触发方式（即 H3CiNode 的 802.1x 认证客户端可以主动发送广播形式的 EAPoL-Start 报文，H3C 认证设备可以接收认证客户端发送的目的地址为广播 MAC 地址的 EAPoL-Start 报文）。

（2）认证设备主动触发　认证设备会以一定的时间间隔（如 30s）主动向认证客户端发送 EAP-Request/Identity 报文来触发认证，该触发方式用于兼容不能主动发送 EAPoL-Start 报文的客户端，比如 Windows XP 操作系统自带的 IEEE 802.1x 客户端。认证设备主动触发又可分为以下两种具体触发方式。

1）DHCP 报文触发：设备在收到用户的 DHCP 请求报文后主动触发对用户的 IEEE 802.1x 认证，仅适用于客户端采用 DHCP 方式自动分配 IP 的情形。

2）源 MAC 地址未知报文触发：当设备收到源 MAC 地址未知的报文时主动触发对用户的 IEEE 802.1x 认证。若设备在设置好的时长内没有收到客户端的响应，则重新发该报文。

2. 认证方式的分类

IEEE 802.1x 认证系统使用可扩展认证协议（EAP）来实现认证客户端、认证设备和认证服务器之间认证信息的交互。在认证客户端与认证设备之间，EAP 报文使用 EAPoL 封装格式，直接承载于 LAN 环境中；在认证设备与认证服务器之间，可以由认证设备决定使用 EAP 中继方式还是 EAP 终结方式来交换认证信息。

（1）EAP 中继方式　EAP 报文由认证设备进行中继转发，使用 EAPoR（EAP over RADIUS）封装格式承载于 RADIUS 协议中，可以支持 MD5、EAP-TLS、EAP-TTLS、PEAP 等多种认证方法。认证服务器最终处理的仍然是 EAP 消息，因此该方式需要认证服务器支持新的 RADIUS 属性，且能够支持 EAP。

（2）EAP 终结方式　EAP 报文由认证设备终结，认证设备再按照密码认证协议（Password Authentication Protocol，PAP）或挑战握手认证协议（Challenge Handshake Authentication Protocol，CHAP）认证方式与认证服务器进行认证信息交互。认证服务器不再需要处理 EAP 消息，而是处理普通的 RADIUS 报文，因此也不需要支持新的 RADIUS 属性和 EAP。

11.1.4　EAP 中继方式的认证流程

IEEE 802.1x 标准规定的 EAP 中继方式将 EAP 承载在其他高层协议中如 EAPoR（EAP over RADIUS），以便 EAP 报文穿越复杂的网络到达认证服务器。一般来说，EAP 中继方式需要 RADIUS 服务器支持 EAP 属性：EAP-Message 和 Message-Authenticator，分别用来封装 EAP 报文及对携带 EAP-Message 的 RADIUS 报文进行保护。下面以 EAP-MD5 方式为例介绍 EAP 中继方式的认证流程，如图 11-3 所示，认证过程如下。

1）当用户有访问网络需求时打开 IEEE 802.1x 客户端程序，输入已经申请且登记过的用户名和密码，客户端将发出触发认证请求的报文（EAPoL-Start）给认证设备，开始启动认证过程。

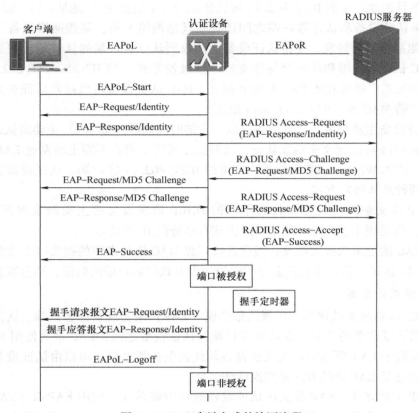

图 11-3　EAP 中继方式的认证流程

2）认证设备收到 EAPoL-Start 后，将发出认证请求报文（EAP-Request/Identity）要求客户端发送认证用户名。

3）客户端响应认证设备发出的认证请求，将用户名信息通过认证回应报文（EAP-Response/Identity）发送给认证设备。认证设备将客户端发送的数据帧经过封装处理成认证请求报文（RADIUS Access-Request）发送给认证服务器进行处理。

4）认证服务器收到认证设备转发的用户名信息后，将该信息与数据库中的用户名表对比，找到该用户名对应的密码信息，用随机生成的一个加密字对它进行加密处理，同时也将此加密字通过 RADIUS Access-Challenge 报文发送给认证设备，由认证设备转发给客户端。

5）客户端收到由认证设备传来的 EAP-Request/MD5 Challenge 报文后，用该加密字对密码部分进行加密处理（此种加密算法通常是不可逆的），生成 EAP-Response/MD5 Challenge 报文，并通过认证设备传给认证服务器。

6）RADIUS 服务器将收到的已加密的密码信息（包含在 RADIUS Access-Request 报文中）和本地经过加密运算后的密码信息进行对比，如果两者相同，则认为该用户为合法用户，反馈认证通过的消息（包含 EAP-Success 的 RADIUS Access-Accept 报文）给认证设备。

7）认证设备收到认证通过消息后将端口改为授权状态，允许用户通过端口访问网络。在此期间，认证设备会向客户端定期发送握手报文，以对用户的在线情况进行监测。默认情况下，如果两次握手请求报文都得不到客户端应答，认证设备将用户下线，防止用户因为异常原因下线而认证设备无法感知。

8）客户端也可以发送 EAPoL-Logoff 报文给认证设备，主动要求下线。此时认证设备把端口状态从授权状态改为非授权状态，并向客户端发送 EAP-Failure 报文。

注意：EAP 中继方式下，需要保证客户端和认证服务器支持一致的 EAP 认证方法，而在认证设备上，只需要通过 dotlx authentication-method eap 命令启动 EAP 中继方式即可。

11.1.5　EAP 终结方式的认证流程

EAP 终结方式将 EAP 报文在认证设备上终结并映射到 RADIUS 报文中，利用标准 RA-DIUS 协议完成认证、授权和计费。认证设备与 RADIUS 服务器之间可以采用 PAP 或者 CHAP 认证方法。下面以 CHAP 认证方法为例介绍基本业务流程，认证过程如图 11-4 所示。

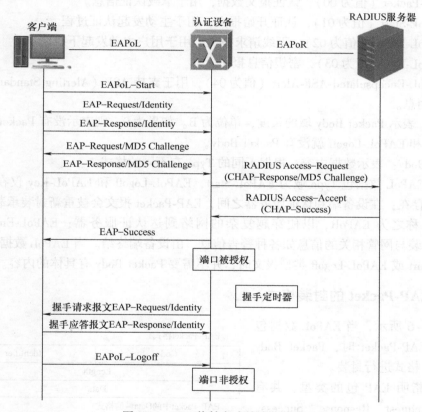

图 11-4　EAP 终结方式的认证过程

EAP 终结方式与 EAP 中继方式的认证流程相比，不同之处在于对用户密码信息进行加密处理的随机加密字由认证设备生成，之后认证设备会把用户名、随机加密字和客户端加密后的密码信息一起发送给 RADIUS 服务器，服务器利用认证设备提供的信息进行相关的认证处理。

11.1.6　EAPoL 消息的封装格式

基于局域网的可扩展认证协议（EAPoL）是 IEEE 802.1x 协议定义的一种报文封装格

式，主要用于在客户端和认证设备之间传送 EAP 报文，以允许 EAP 报文在 LAN 上传送。EAPoL 数据包的协议字段为 0x888E，其封装格式如图 11-5 所示。后续各字段含义分别如下。

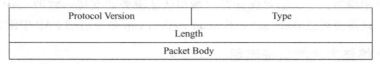

图 11-5　EAPoL 消息的封装格式

Protocol Version：表示 EAPoL 帧的发送方所支持的协议版本号。

Type：表示 EAPoL 数据帧类型。

① EAP-Packet（值为 00），认证报文数据，用于承载认证信息。

② EAPoL-Start（值为 01），认证开始报文，用于主动发起认证过程。

③ EAPoL-Logoff（值为 02），下线请求报文，用于用户主动发起下线请求。

④ EAPoL-Key（值为 03），密钥信息报文。

⑤ EAPoL-Encapsulated-ASF-Alert（值为 04），用于支持 ASF（Alerting Standards Forum）的 Alerting 消息。

Length：表示 Packet Body 域的长度，单位为 B。如果为 0，则表示没有 Packet Body。如 EAPoL-Start 和 EAPoL-Logoff 就没有 Packet Body。

Packet Body：表示数据内容，根据不同的 Type 有不同的格式。

其中，EAPoL 数据包 Type 域为 EAPoL-Start，EAPoL-Logoff 和 EAPoL-Key 仅在客户端和设备端之间存在；在设备端和认证服务器之间，EAP-Packet 报文会被重新封装承载于 RADIUS 协议上，称之为 EAPoR，以便穿越复杂的网络到达认证服务器；EAPoL-Encapsulated-ASF-Alert 封装与网管相关的信息如各种警告信息，由设备端终结。当 EAPoL 数据包 Type 域是 EAPoL-Start 或 EAPoL-Logoff 类型报文时，并不需要 Packet Body 有具体的内容。

11.1.7　EAP-Packet 的封装格式

如图 11-6 所示，当 EAPoL 数据包 Type 域为 EAP-Packet 时，Packet Body 将按照 CLV 格式进行封装。

Code：指明 EAP 包的类型，共有四种，即 Request、Response、Success、Failure。

Identifier：用于匹配 Request 消息和 Response 消息。

Length：EAP 包的长度，包含 Code、Identifier、Length 和 Data 域，单位为 B。

Data：EAP 包的内容，由 Code 类型决定。

EAP-Packet格式：

Code	Identifier
Length	
Data	

EAP-Packet中的Data域的格式：

Type	Type data

RADIUS为支持EAP认证增加了两个TLV属性：EAP-Message和Message-Authenticator，其格式参考如下：

Type	Length	String

图 11-6　EAP-Packet 的封装格式

当 Code 类型为 Success 和 Failure 时，数据包没有 Data 域，相应的 Length 域的值为 4。

当 Code 类型为 Request 和 Response 时，数据包的 Data 域的格式如图 11-6 所示。Type 为 Request 或 Response 类型，Type Data 的内容由 Type 决定。例如，Type 值为 1 时代表 Identity，用来查询对方的身份；Type 值为 2 时代表 Notification，用于传递提示消息给客户端；Type 值为 4 时代表 MD5-Challenge，类似于 PPP、CHAP，包含质询消息。

RADIUS 协议为了支持 EAP 认证也增加了两个 TLV 属性：EAP-Message（EAP 消息）和 Message-Authenticator（消息认证码）。

1）EAP-Message：该属性用来封装 EAP 消息，类型代码为 79，String 域最长 253B，如果 EAP 数据包长度大于 253B，可以对其进行分片，依次封装在多个 EAP-Message 属性中。

2）Message-Authenticator：该属性用来避免接入请求包被窃听，类型代码为 80。在含有 EAP-Message 属性的数据包中，必须同时也包含 Message-Authenticator，否则该数据包会被认为无效而被丢弃。

11.1.8　IEEE 802.1x、PPPoE 认证和 Web 认证的对比

表 11-1 为 IEEE 802.1x、PPPoE 认证和 Web 认证的对比。从表 11-1 中可以看出，相对于 PPPoE 认证和 Web 认证，IEEE 802.1x 的优势较为明显，实现简单、认证效率高、安全可靠，无须多业务网管设备就能保证 IP 网络的无缝相连，同时消除了网络认证计费瓶颈的单点故障；在二层网络上实现用户认证，大大降低了整个网络的建网成本。IEEE 802.1x 适用于接入设备与接入用户间点到点的连接方式，实现对局域网用户接入的认证与服务管理，常用于运营管理相对简单、业务复杂度较低的企业以及园区。而 PPPoE 认证和 Web 认证只有在集中管理需求较高的情况下才应用部署，相应地对认证设备的要求更高，开展增值业务更加复杂。

表 11-1　IEEE 802.1x、PPPoE 认证和 Web 认证的对比

评价指标	IEEE 802.1x	PPPoE 认证	Web 认证
标准程度	IEEE 标准	RFC2516	厂商私有
是否需要客户端软件	是（Windows 系统有自带客户端）	是（Windows 系统有自带客户端）	否
业务报文效率	高	低，有封装开销	高
组插支持能力	好	低，对设备要求高	好
有线网上的安全性	扩展后可用	可用	可用
认证设备的要求	低	高	较高
增值应用支持	简单	复杂	复杂

11.2　IEEE 802.1x 扩展应用

在 IEEE 802.1x 认证中有 Dynamic VLAN 和 Guest VLAN 技术。用户进行身份验证时，如果验证成功可以访问 Dynamic VLAN 中的设备，一旦认证失败，则只能访问 Guest VLAN 中的设备。

11.2.1 Dynamic VLAN

如图 11-7 所示，IEEE 802.1x 用户在服务器上通过认证时，服务器会把授权信息传送给认证设备。如果服务器上配置了下发授权 VLAN 功能，在授权信息中则会包含授权 VLAN 信息，认证设备根据用户认证上线的端口链路类型，按以下三种情况将端口加入授权 VLAN 中。

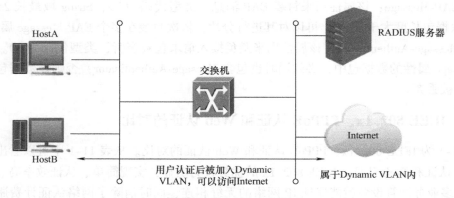

图 11-7　Dynamic VLAN

1）若端口的链路类型为 Access，当前 Access 端口离开用户配置的 VLAN 并加入授权 VLAN。

2）若端口的链路类型为 Trunk，认证设备将允许授权 VLAN 通过当前 Trunk 端口，并且修改端口的默认 VLAN 为授权 VLAN。

3）若端口的链路类型为 Hybrid，认证设备将允许授权 VLAN 以不携带 Tag 的方式通过当前 Hybrid 端口，并且修改端口的默认 VLAN 为授权 VLAN。需要注意的是：若当前 Hybrid 端口上配置了基于 MAC 的 VLAN，则设备将根据认证服务器下发的授权 VLAN 动态地创建基于用户 MAC 的 VLAN，而端口的默认 VLAN 保持不变。

下发授权 VLAN 并不改变端口的配置，也不影响端口的配置。但是，下发的授权 VLAN 的优先级高于用户配置的 VLAN，即通过认证后起作用的 VLAN 是动态下发的授权 VLAN，用户配置的 VLAN 只在用户上线前和下线后生效。

11.2.2 Guest VLAN

如图 11-8 所示，Guest VLAN 功能允许用户在未认证或者认证失败的情况下，可以访问某一特定 VLAN 中的资源，比如获取客户端软件、升级客户端或执行其他一些用户升级程序。这个 VLAN 通常被称为 Guest VLAN。

根据端口的接入控制方式不同，可以将 Guest VLAN 划分为基于端口的 Guest VLAN（Port-based Guest VLAN，PGV）和基于 MAC 的 Guest VLAN（Mac-based Guest VLAN，MGV）。

（1）PGV　在接入控制方式被配置为 port-based 的端口上启用的 Guest VLAN 称为 PGV。若在一定的时间内（默认 90s）配置了 PGV 的端口上无客户端进行认证，则该端口将被加入 Guest VLAN，所有在该端口接入的用户将被授权访问 Guest VLAN 里的资源。端口加入

Guest VLAN 的情况与加入授权 VLAN 相同，与端口链路类型有关。

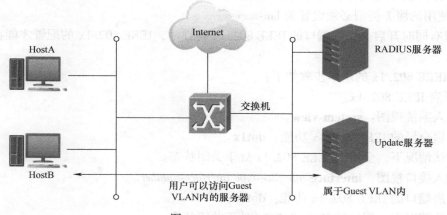

图 11-8　Guest VLAN

当端口上处于 Guest VLAN 中的用户发起认证且成功时，端口会离开 Guest VLAN，之后端口加入 VLAN 情况与认证服务器是否下发授权 VLAN 有关，具体如下：

1）若认证服务器下发授权 VLAN，则端口加入下发的授权 VLAN。用户下线后，端口离开下发的授权 VLAN 回到初始 VLAN 中，该初始 VLAN 为端口加入 Guest VLAN 之前所在的 VLAN。

2）若认证服务器未下发授权 VLAN，则端口回到初始 VLAN 中。用户下线后，端口仍在该初始 VLAN 中。

（2）MGV　在接入控制方式配置为 mac-based 的端口上启用的 Guest VLAN 称为 MGV。配置了 MGV 的端口上未认证的用户被授权访问 Guest VLAN 里的资源。

MGV 需要与基于 MAC 的 VLAN 配合使用，端口配置 MGV 的同时需要使能 mac-vlan。设备会动态地创建基于用户 MAC 的 VLAN 表项，以将未认证或认证失败的用户加入 Guest VLAN 中。

当端口上处于 Guest VLAN 中的用户发起认证且成功时，设备会根据认证服务器是否下发授权 VLAN 决定将该用户加入下发的授权 VLAN 中，或回到加入 Guest VIAN 之前端口所在的初始 VLAN 中。

11.3　IEEE 802.1x 配置和维护

11.3.1　IEEE 802.1x 基本配置命令

在 IEEE 802.1x 认证中，管理员可以选择使用远程认证或本地认证来配合 IEEE 802.1x 完成用户的身份认证。因此，在配置 IEEE 802.1x 时需要首先完成以下配置任务：

1）配置 IEEE 802.1x 用户所属的 ISP 认证域及其使用的 AAA 方案，即本地认证方案或远程认证（RADIUS 或 HWTACACS）方案。

2）如果需要通过认证服务器进行认证，则应该在认证服务器上配置相应的用户名和密码以及接入设备的 NAS-IP。

3）如果需要本地认证，则应该在设备上手动添加认证的用户名和密码。配置本地认证时，用户使用的服务类型必须设置为 lan-access。

4）只有同时开启全局和端口的 IEEE 802.1x 特性后，IEEE 802.1x 的配置才能在端口上生效。

配置 IEEE 802.1x 的基本步骤如下：

1）开启 IEEE 802.1x。

① 进入系统视图：**system-view**。

② 开启全局的 IEEE 802.1x 功能：**dot1x**。

默认情况下，全局的 IEEE 802.1x 处于关闭状态。

③ 进入接口视图：**interface** *interface-type interface-number*。

④ 开启端口的 IEEE 802.1x 功能：**dot1x**。

默认情况下，端口的 IEEE 802.1x 处于关闭状态。

2）配置 IEEE 802.1x 系统的认证方法。

① 进入系统视图：**system-view**。

② 配置 IEEE 802.1x 系统的认证方法：**dot1x authentication-method**{**chap**|**eap**|**pap**}。

默认情况下，设备启用 EAP 终结方式，并采用 CHAP 认证方法。

3）配置端口的授权状态。

① 进入系统视图：**system-view**。

② 进入接口视图：**interface** *interface-type interface-number*。

③ 配置端口的授权状态：**dot1x port-control**{**authorized-force**|**auto**|**unauthorized-force**}。

默认情况下，端口的授权状态为 **auto**。

4）配置端口接入控制方式。

① 进入系统视图：**system-view**。

② 进入接口视图：**interface** *interface-type interface-number*。

③ 配置端口接入控制方式：**dot1x port-method**{**macbased**|**portbased**}。

默认情况下，端口采用的接入控制方式为 **macbased**。

11.3.2 IEEE 802.1x 的定时器及配置

在 IEEE 802.1x 认证过程中会启动多个定时器，以控制接入用户、设备以及认证服务器之间进行合理、有序的交互。IEEE 802.1x 的定时器主要有以下几种：

1）用户名请求超时定时器（Tx-period）：该定时器定义了认证设备发送 EAP-Request/Identity 报文的时间间隔。具体分为两种情况：其一，当认证设备向客户端发送 EAP-Request/Identity 单播请求报文后，认证设备启动该定时器，若在 Tx-period 设置的时间间隔内，认证设备没有收到客户端的响应，则认证设备将重发认证请求报文；其二，为了兼容不主动发送 EAPoL-Start 连接请求报文的客户端，认证设备会定期发送 EAP-Request/Identity 组播请求报文来触发客户端进行认证。Tx-period 也定义了组播请求报文的发送时间间隔。

2）客户端认证超时定时器（Supp-timeout）：当认证设备向客户端发送了 EAP-Request/

172

MD5 Challenge 请求报文后，认证设备会启动该定时器，若在该定时器超时前，认证设备没有收到客户端的响应，认证设备将重发该请求报文。

3）认证服务器超时定时器（Server-timeout）：当认证设备向认证服务器发送了 RADIUS Access-Request 请求报文后，认证设备会启动 Server-timeout，若在该定时器超时前，认证设备没有收到认证服务器的响应，认证设备将认为认证失败，启动下一次认证。

4）握手定时器（Handshake-period）：此定时器是在用户认证成功后启动的，认证设备以此间隔为周期发送握手请求报文，以定期检测用户的在线情况。如果认证设备在指定时间内都没有收到客户端的响应报文，就认为用户已经下线。

5）静默定时器（Quiet-period）：对用户认证失败以后，认证设备需要静默一段时间（该时间由静默定时器设置），在静默期间，认证设备不处理该用户的认证请求。

6）重认证定时器（Reauth-period）：如果端口下开启了重认证功能，认证设备以此定时器设置的时间间隔为周期对该端口在线用户发起重认证。

配置各个定时器参数的命令如下：

dolx timer｛ead-timeout ead-timeout-value｜handshake-period handshake-period-value｜quiet-period quiet-period-value｜reauth-period reauth-period-value｜server-timeout server-timeout-value｜supp-timeout supp-timeout-value｜tx-period tx-period-value｝

默认情况下，静默功能处于关闭状态。如果需要防止用户频繁触发认证，则使用如下命令行开启静默功能：

1）进入系统视图：**system-view**。

2）开启静默定时器功能：**dot1x quiet-period**。

默认情况下，静默定时器功能处于关闭状态。

3）配置静默定时器：**dot1x timer quiet-period***quiet-period-value*。

默认情况下，静默定时器的值为 60s。

另外，用户可以根据需要开启或关闭在线握手功能。在线握手功能需要客户端的配合，客户端在线的情况下必须能够准确及时地响应认证设备发送的握手请求报文，否则客户端会被错误地认为已经离线而被迫下线。默认情况下，在线握手功能已经开启，当发现客户端无法支持在线握手功能时，应关闭在线握手功能。关闭在线握手功能的命令行如下：

［sysname GigabitEthernet1/0/1］undo dotlx handshake

11.3.3　配置 Guest VLAN 和 VLAN 下发

H3C 交换机支持在端口视图下配置 Guest VLAN，详细配置命令如下：

1）进入系统视图：**system-view**。

2）进入接口视图：**interface** *interface-type interface-number*。

3）配置端口的 IEEE 802.1x Guest VLAN：**dot1x guest-vlan** *guest-vlan-id*。

默认情况下，端口上未配置 IEEE 802.1x Guest VLAN。

若通过认证服务器下发数字型 VLAN，在设备上不需要创建该 VLAN，用户认证成功后根据服务器下发的 VLAN 信息，设备会自动创建该 VLAN。

若通过认证服务器下发字符型 VLAN，在设备上需要先创建所下发的 VLAN 并配置该 VLAN 的 name，其 name 要与服务器上设置的 VLAN 字符串保持一致。例如：

1）进入系统视图：**system-view**。

2）配置 VLAN：vlan 10。

3）进入 VLAN 接口视图：name test。

若采用本地认证方法，需要为本地用户配置授权 VLAN 属性：

1）进入系统视图：**system-view**。

2）配置授权 VLAN：local-user user-name class network authorization-attribute vlan vlan-id。

11.3.4 IEEE 802.1x 典型配置案例

如图 11-9 所示，主机通过交换机的端口 G1/0/1（该端口在 VLAN1 内）进行 IEEE 802.1x 认证接入网络，认证服务器为 RADIUS 服务器。Update 服务器用于客户端软件程序文件的下载和升级，并划分在 VLAN20 内；交换机连接 Internet 的端口在 VLAN10 内。

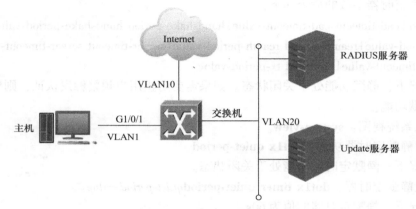

图 11-9 IEEE 802.1x 典型配置案例

为了实现上述需求，需要在交换机的 G1/0/1 上开启 IEEE 802.1x 特性并设置 VLAN20 为目的端口的 Guest VLAN。当用户未认证或认证失败时，G1/0/1 被加入 Guest VLAN20 中，此时主机可以访问 Update 服务器并下载 IEEE 802.1x 客户端软件。当用户认证成功时，认证服务器授权下发 VLAN10，G1/0/1 端口被加入授权 VLAN10 中，此时主机可以成功访问 Internet。

配置 RADIUS 方案 H3C：

```
< sysname > system-view
[ sysname ] radius scheme h3c
[ sysname-radius-h3c ] primary authentication 82. 0. 0. 3 1812
[ sysname-radius-h3c ] primary accounting 82. 0. 0. 3 1813
[ sysname-radius-h3c ] key authentication h3c
[ sysname-radius-h3c ] key accounting h3c
[ sysname-radius-h3c ] quit
```

配置认证域 H3C，该域使用已配置的 RADIUS 方案 H3C：

```
[ sysname ] domain h3c
```

[sysname-isp-h3c] authentication default radius-scheme h3c

[sysname-isp-h3c] authorization default radius-scheme h3c

[sysname-isp-h3c] accounting default radius-scheme h3c

[sysname-isp-h3c] quit

开启全局 IEEE 802.1x 特性：

[sysname] dot1x

开启指定端口的 IEEE 802.1x 特性：

[sysname] interface GigabitEthernet 1/0/1

[sysname-GigabitEthernet 1/0/1] dot1x

配置端口上进行接入控制的方式为 port-based：

[sysname-GigabitEthernet 1/0/1] dot1x port-method port-based

创建 VLAN20：

[sysname] vlan 20

[sysname-vlan20] quit

配置指定端口的 Guest VLAN：

[sysname] interface GigabitEthernet 1/0/1

[sysname GigabitEthernet 1/0/1] dot1x guest-vlan 20

完成上述配置之后触发认证之前，通过命令 display current-configuration 或者 display interface gigabitethernet 1/0/1 可以查看 Guest VLAN 的配置情况。

在端口 UP 且没有用户主动上线的情况下，设备将发送认证请求（EAP-Request/Identity）组播报文，发送超过设定的最大次数后仍未收到用户的认证响应报文，则该端口被加入 Guest VLAN。通过命令 display vlan20 可以查看端口配置的 Guest VLAN 是否生效。

在用户认证成功之后，通过命令 display interface gigabitethernet 1/0/1 可以看到用户接入的端口 GigabitEthernet1/0/1 加入认证服务器下发的授权 VLAN10 中了。

11.3.5　IEEE 802.1x 显示和维护

在维护和配置过程中，可以通过如下命令来快速显示 IEEE 802.1x 用户的会话连接信息、相关统计信息或配置信息：

[sysname] display dot1x[sessions|statistics][interface interface-list]

IEEE 802.1x 用户的相关统计信息还可以通过如下命令清除，以便在维护过程中排除历史信息的干扰：

< sysname > reset dot1x statistics[interface interface-list]

当需要确切掌握某个认证用户更具体的信息时，可以使用如下命令查看：

< sysname > display dot1x connection{interface interface-list|slot slot-number|user-mac H-H-H|user-name user-name}

11.4　MAC 地址认证

11.4.1　MAC 地址认证概述

在 IEEE 802.1x 认证过程中，设备端会首先触发用户采用 IEEE 802.1x 认证方式，但若用户长时间内没有进行 IEEE 802.1x 认证，则以用户的 MAC 地址作为用户名和密码发送给认证服务器进行认证。MAC 旁路认证可使 IEEE 802.1x 认证系统中无法安装和使用 IEEE 802.1x 客户端软件的终端，比如打印机等，以自身 MAC 地址作为用户名和密码进行认证。

设备在首次检测到用户的 MAC 地址后，即启动对该用户的认证操作。认证过程中，也不需要用户输入用户名和密码。若该用户认证成功，则允许其通过端口访问网络资源，否则该用户的 MAC 地址就被设置为静默 MAC。在静默时间内，来自此 MAC 地址的用户报文到达时，设备直接做丢弃处理，以防止非法 MAC 短时间内的重复认证。

同 IEEE 802.1x 认证一样，MAC 地址认证也支持远程认证和本地认证两种方式，远程认证可以支持 RADIUS 和 TACACS。

MAC 地址认证用户名分为两种类型：MAC 地址用户名和固定用户名。

1）MAC 地址用户名：使用用户的 MAC 地址作为认证时的用户名和密码。

2）固定用户名：不论用户的 MAC 地址为何值，所有用户均使用在设备上预先配置的用户名和密码进行认证。同一个端口下可以有多个用户进行认证，且均使用同一个固定用户名通过认证。由于使用与配置相同的用户名和密码，认证类型安全性较低，不推荐使用。

11.4.2　两种认证方式的工作流程

如图 11-10 所示，当选用 RADIUS 服务器远程认证方式进行 MAC 地址认证时，认证设备作为 RADIUS 客户端，与 RADIUS 服务器配合采用 PAP 认证方式完成 MAC 地址认证操作。

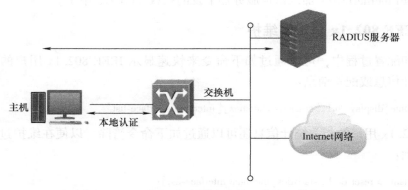

图 11-10　RADIUS 服务器远程认证方式工作流程

1）采用 MAC 地址用户名时，认证设备将检测到的用户 MAC 地址作为用户名和密码发送给 RADIUS 服务器。

2）采用固定用户名时，需要在配置 MAC 认证用户名格式时指定固定用户名和密码，认证设备将此用户名和密码作为待认证用户的用户名和密码，发送给 RADIUS 服务器。

当选用本地认证方式进行 MAC 地址认证时，直接在认证设备上完成对用户的认证，需要在认证设备上配置本地用户名和密码。

1）采用 MAC 地址用户名时，需要配置的本地用户名为各接入用户的 MAC 地址。

2）采用固定用户名时，需要在配置 MAC 认证用户名格式时指定固定用户名和密码，但本地用户数据库中只需要创建对应的单个用户名和密码即可。所有用户对应的用户名和密码都相同。

11.4.3　MAC 地址认证的配置命令

使用 MAC 地址认证可以对用户的网络访问权限进行控制，在配置 MAC 地址认证之前，需要首先完成以下配置任务：

① 创建并配置 ISP 域和认证方式。

② 配置 MAC 地址认证之前，请保证端口安全功能关闭。

③ 若采用本地认证方式，需建立本地用户并设置其密码，且本地用户的服务类型应设置为 lan-access。

④ 若采用远程 RADIUS 认证方式，需要确保认证设备与 RADIUS 服务器之间的路由可达，并添加用户名及密码，添加 MAC 地址认证用户账号。

在全局 MAC 地址认证没有开启之前，端口可以启动 MAC 地址认证，但不起作用；只有在全局 MAC 地址认证启动后，各端口的 MAC 地址认证配置才会立即生效。MAC 地址认证基本步骤如下：

（1）开启 MAC 地址认证

1）进入系统视图：**system-view**。

2）开启全局 MAC 地址认证：**mac-authentication**。

默认情况下，全局 MAC 地址认证处于关闭状态。

3）进入接口视图：**interface** *interface-type interface-number*。

4）开启端口 MAC 地址认证：**mac-authentication**。

默认情况下，端口 MAC 地址认证处于关闭状态。

（2）配置 MAC 地址认证的认证方法

1）进入系统视图：**system-view**。

2）配置 MAC 地址认证采用的认证方法：**mac-authentication authentication-method** {**chap|pap**}。

默认情况下，设备采用 PAP 认证方法进行 MAC 地址认证。

（3）指定 MAC 地址认证用户使用的认证域

1）进入系统视图：**system-view**。

2）指定 MAC 地址认证用户使用的认证域。

① 配置全局 MAC 地址认证用户使用的认证域：**mac-authentication domain** *domain-name*

② 配置接口上 MAC 地址认证用户使用的认证域：**interface** *interface-type interface-number*

mac-authentication domain *domain-name*

默认情况下，未指定 MAC 地址认证用户使用的认证域，使用系统默认的认证域。

（4）配置 MAC 地址认证用户的账号格式

1）进入系统视图：**system-view**。

2）配置 MAC 地址认证用户的账号格式。

配置 MAC 地址账号：**mac-authentication user-name-format mac-address**［｛**with-hyphen** | **without-hyphen**｝［**lowercase** | **uppercase**］］［**password**｛**cipher** | **simple**｝*string*］

配置固定用户名账号：**mac-authentication user-name-formatfixed**［**account** *name*］［**password**｛**cipher** | **simple**｝*string*］

默认情况下，使用用户的 MAC 地址作为用户名与密码，其中字母为小写，且不带连字符"-"。

3）配置指定 MAC 地址范围的 MAC 地址认证用户名和密码：**mac-authentication mac-range-account mac-address** *mac-address* **mask**｛*mask* | *mask-length*｝**account***name* **password**｛**cipher** | **simple**｝*string*

默认情况下，未对指定 MAC 地址范围的 MAC 地址认证用户设置用户名和密码。

MAC 地址认证用户采用 **mac-authentication user-name-format** 命令设置用户名和密码接入设备。

仅 Release 6312P01 及以上版本支持配置指定 MAC 地址范围的 MAC 地址认证用户名和密码。

11.4.4 MAC 认证的典型配置案例

如图 11-11 所示，用户主机 Host 通过端口 GigabitEthernet 1/0/1 连接到设备上，设备通过 RADIUS 服务器对用户进行认证、授权和计费。

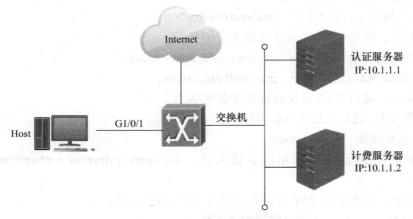

图 11-11 MAC 认证的典型配置案例

1）设备的管理者希望在各端口上对用户接入进行 MAC 地址认证，以控制其对 Internet 的访问。

2）要求设备每隔 180s 就对用户是否下线进行检测，并且当用户认证失败时，需等待

3min 后才能对用户再次发起认证。

3）所有用户都属于域 H3C，认证时采用固定用户名格式，用户名为 aaa，密码为 123456。

配置 RADIUS 方案 H3C：

```
< sysname > system-view
[ sysname ] radius scheme h3c
[ sysname-radius-h3c ] primary authentication 10. 1. 1. 1 1812
[ sysname-radius-h3c ] primary accounting 10. 1. 1. 2 1813
[ sysname-radius-h3c ] key authentication h3c
[ sysname-radius-h3c ] key accounting h3c
[ sysname-radius-h3c ] user-name-format without-domain
[ sysname-radius-h3c ] quit
```

配置 ISP 域的 AAA 方案：

```
[ sysname ] domain h3c
[ sysname-isp-h3c ] authentication default radius-scheme h3c
[ sysname-isp-h3c ] authorization default radius-scheme h3c
[ sysname-isp-h3c ] accounting default radius-scheme h3c
[ sysname-isp-h3c ] quit
```

开启全局 mac-authentication 特性：

```
[ sysname ] mac-authentication
```

开启指定端口的 mac-authentication 特性：

```
[ sysname ] interface GigabitEthernet 1/0/1
[ sysname-GigabitEthernet 1/0/1 ] mac-authentication
```

配置 MAC 地址认证用户所使用的 ISP 域：

```
[ sysname ] mac-authentication domain h3c
```

配置 MAC 地址认证的定时器：

```
[ sysname ] mac-authentication timer offline-detect 180
[ sysname ] mac-authentication timer quiet 180
```

配置 MAC 地址认证使用固定用户名格式，用户名为 aaa，密码为 123456：

```
[ sysname ] mac-authentication user-name-format fixed account aaa password simple 123456
```

完成上述配置之后，连接认证用户到端口后将触发 MAC 认证，通过命令 display mac-authentication 或者 display mac-authentication connection 验证配置结果，并可以查看当前 MAC 认证通过的用户。如下所示显示全局 MAC 地址认证信息：

```
[ sysname ] display mac-authentication
Global MAC authentication parameters：
MAC authentication                          :Enabled
```

User name format	:MAC address in lo wercase(xxxxxxxxxxx)
Username	:mac
Password	:Not configured
Offline detect period	:300s
Quiet period	:60s
Server timeout	:100s
Authentication domain	:Not configured,use default domain
Max MAC-auth users	:2048 per slot
Online MAC-auth users	:1

Silent MAC users：

MAC address　　　　　　　　VLAN ID From port　Port index

GigabitEthernet 1/0/1 /is link-up

MAC authentication	:Enabled
Authentication domain	:Not configured
Auth-delay timer	:Disabled

Re-auth server-unreachable Logoff

Guest VLAN	:Not configured
Critical VLAN	:Not configured
Host mode	:Simple VLAN
Max online users	:2048
Authentication attempts	:successful l. failed 0
Current online users	:1

MAC address Auth state

00e0-fc12-3456 MAC_AUTHENTICATOR_SUCCESS

<Sysname > display mac-authentication connection

Slot ID：	1
User MAC address：	00e0-fc12-3456
Access interface：	GigabitEthernet 1/0/1
Username：	mac
Authentication domain：	Not configured. use default domain
Initial VLAN：	1
Authorization untagged VLAN：	100
Authorization tagged VLAN：	N/A
Authorization ACL ID：	3001
Authorization user profile：	N/A

Termination action Radius-request

Session timeout period：	2s
Online from：	2016/03/02 13：14：15
Online duration：	0h 2m 15s

Total 1 connection（s）matched.

从如上信息可以发现（MAC 为 00e0-fc12-3456）用户认证成功。

11.4.5　MAC 地址认证的显示和维护

在任意视图下执行 display 命令可以显示配置后 MAC 地址认证的运行情况，通过查看显示信息验证配置的效果。

1）显示所有或指定端口的 MAC 认证用户信息，配置命令为：

> display mac-authentication[interface interface-list]

2）清除 MAC 地址认证的统计信息，配置命令为：

> reset mac-authentication statistics[interface interface-list]

3）显示 MAC 地址认证用户的详细信息，配置命令为：

> display mac-authentication connection[interface interface-type interface-number | slot slot-number | user-macmac-addr | user-name user-name]

4）显示指定类型的 VLAN 或 VSI 中的 MAC 地址认证用户的 MAC 地址信息，配置命令为：

> display mac-authentication mac-address { critical-vlan | critical-vsi | guest-vlan | guest-vsi }〔interface interface-type interface-number〕

MAC 地址认证的维护命令和 IEEE 802.1x 认证的维护命令基本相同，可以快捷显示全局或指定端口的 MAC 地址认证用户简要统计信息，同时也提供了相应的统计信息清除命令。当需要查看某个 MAC 地址认证用户的详细信息时，需要采用 display mac-authentication connection 命令显示。

11.5　端口安全

11.5.1　端口安全概述

端口安全（Port Security）是一种基于 MAC 地址对网络接入进行控制的安全机制，是对已有的 IEEE 802.1x 认证和 MAC 地址认证的扩充。这种机制通过检测数据帧中的源 MAC 地址来控制非授权设备对网络的访问，通过检测数据帧中的目的 MAC 地址来控制对非授权设备的访问。

端口安全的主要功能是通过定义各种端口安全模式，让设备学习到合法的源 MAC 地址，并将该地址转化为安全 MAC（包括安全动态 MAC_安全静态 MAC 以及 Sticky MAC）地址，阻止非法用户通过本接口和交换机通信，从而增强设备的安全性。启动了端口安全功能之后，当发现非法报文时，系统将触发相应的特性并按照预先指定的方式进行处理，既方便用户的管理又提高了系统的安全性。

端口安全的特性有 NeedToKnow 特性、入侵检测（IntrusionProtection）特性。

1）NeedToKnow 特性：通过检测从端口发出的数据帧的目的 MAC 地址，保证数据帧只能被发送到已经通过认证的设备上，从而防止非法设备窃听网络数据。

2）入侵检测特性：指通过检测从端口收到的数据帧的源 MAC 地址，对接收非法报文的端口采取相应的安全策略，包括端口被暂时断开连接、永久断开连接或 MAC 地址被过滤（默认 3min，不可配置），以保证端口的安全性。

11.5.2　端口安全的模式

根据用户认证上线方式的不同，可以将端口安全划分为两大类，即控制 MAC 学习类和认证类：

（1）控制 MAC 学习类　控制 MAC 学习类包含 autolearn 和 secure 两种模式。此类模式没有认证过程，只是通过控制交换机是否学习 MAC 地址并按照 MAC 地址表检查报文是否符合转发条件来实现用户的安全接入管理。

（2）认证类　认证类利用 IEEE 802.1x 认证和 MAC 地址认证机制来实现，包括单独认证和组合认证等多种模式。

1）IEEE 802.1x 认证类型包含 userlogin、userlogin-secure、userlogin-secure-ext 和 userlogin-withoui 模式。此类模式都包含 userlogin 关键字，代表 IEEE 802.1x 认证，如果模式名称还包含 secure 关键字则表示端口的 IEEE 802.1x 认证采用 mac-based 控制方式。ext 关键字则表示此端口下可以允许多个用户同时进行 mac-based 控制方式的 IEEE 802.1x 认证。

2）MAC 地址认证类型目前只包含 mac-authentication 一种模式。此模式表示交换机对端口下的用户做远程 MAC 认证。

3）组合认证类型包含的工作模式较多。模式名称中的 mac 关键字代表 MAC 认证；userlogin 关键字代表 IEEE 802.1x 认证；or 关键字代表前后认证方法为“或”的关系，可以通过两者之一的认证，而且认证触发没有严格的先后顺序；else 代表前后认证方法有严格的先后顺序，只有在前一种认证方法失败的情况下才会触发后一种认证方法。

对各种端口安全模式的具体描述如表 11-2 所示。

表 11-2　端口安全模式

安全模式类型	描　　述	特性说明
autolearn	端口通过配置或学习到的安全 MAC 地址被保存在安全 MAC 地址表项中；当端口下的安全 MAC 地址数超过端口允许学习的最大安全 MAC 地址数后，端口模式会自动转变为 secure 模式。之后，该端口停止添加新的安全 MAC 地址，只有源 MAC 地址为安全 MAC 地址、已配置的静态 MAC 地址的报文，才能通过该端口	当设备发现非法报文后，将触发 NeedTo-Know 特性和入侵检测特性
secure	禁止端口学习 MAC 地址，只有源 MAC 地址为端口上的安全 MAC 地址、已配置的静态 MAC 地址的报文，才能通过该端口	
userlogin	对接入用户采用基于端口的 IEEE 802.1x 认证；端口下一旦有用户通过认证，其他用户也可以访问网络	NeedToKnow 特性和入侵检测特性不会被触发

（续）

安全模式类型	描　　述	特性说明
userlogin-secure	对接入用户采取基于 MAC 的 IEEE 802.1x 认证；端口最多只允许一个 IEEE 802.1x 认证用户接入	
userlogin-secure-ext	对接入用户采用基于 MAC 的 IEEE 802.1x 认证；端口允许多个 IEEE 802.1x 认证用户同时认证接入	
userlogin-withoui	与 userlogin-secure 模式类似，端口最多只允许一个 IEEE 802.1x 认证用户接入；与此同时，端口还允许源 MAC 地址为指定 OUI 的报文通过	
mac-authentication	对接入用户采用 MAC 地址认证	
userlogin-secure-or-mac	端口同时处于 userlogin-secure 模式和 mac-authentication 模式，但 IEEE 802.1x 认证优先级大于 MAC 地址认证；对于非 IEEE 802.1x 报文直接进行 MAC 地址认证，对于 IEEE 802.1x 报文直接进行 IEEE 802.1x 认证	当设备发现非法报文后，将触发 NeedTo-Know 特性和入侵检测特性
userlogin-secure-or-mac-ext	与 userlogin-secure-or-mac 类似，但允许端口下有多个 IEEE.802.1x 和 MAC 地址认证用户	
mac-else-userlogin-secure	端口同时处于 mac-authentication 模式和 userlogin-secure 模式，但 MAC 地址认证优先级大于 IEEE 802.1x 认证；对于非 IEEE.802.1x 报文直接进行 MAC 地址认证，对于 IEEE 802.1x 报文先进行 MAC 地址认证，如果 MAC 地址认证失败再进行 IEEE 802.1x 认证	
mac-else-userlogin-secure-ext	与 mac-else-userlogin-secure 类似，但允许端口下有多个 IEEE 802.1x 和 MAC 地址认证用户	

11.5.3　端口安全的配置命令

由于端口安全特性通过多种安全模式提供了 IEEE 802.1x 和 MAC 地址认证的扩展和组合应用，因此在需要灵活使用以上两种认证方式的组网环境下，推荐使用端口安全特性。无特殊组网要求的情况下，无线环境中通常使用端口安全特性。而在仅需要 IEEE 802.1x、MAC 地址认证特性来完成接入控制的组网环境下，推荐单独使用相关特性。

目前仅二层以太网接口和二层聚合接口支持配置端口安全功能，且二层以太网聚合接口不支持配置端口安全的 **autolearn**、**secure**、**userlogin-withoui** 模式和安全 MAC 地址功能。

二层以太网接口加入聚合组后，在该接口上配置的端口安全功能不生效。在二层聚合接口上有 IEEE 802.1x 或 MAC 地址认证用户在线的情况下，不能删除该二层聚合接口。

端口安全具体配置步骤如下：

（1）使能端口安全

1）进入系统视图：**system-view**。

2）使能端口安全：**port-security enable**。

默认情况下，端口安全功能处于关闭状态。

（2）配置端口安全模式

1）进入系统视图：**system-view**。

2）配置允许通过认证的用户 OUI 值：**port-security oui index** *index-value* **mac-address** oui-value。

默认情况下，不存在允许通过认证的用户 *OUI* 值。

该命令仅在端口安全模式为 *userLoginWithOUI* 时必选。在这种情况下，端口除了可以允许一个 *IEEE* 802.1x 的接入用户通过认证之外，仅允许一个与某 *OUI* 值匹配的用户通过认证。

3）进入接口视图：**interface** *interface-type interface-number*。

4）配置端口的安全模式：**port-security port-mode** { **autolearn** | **mac-and-userlogin-secure-ext** | **mac-authentication** | **mac-else-userlogin-secure** | **mac-else-userlogin-secure-ext** | **secure** | **userlogin** | **userlogin-secure** | **userlogin-secure-ext** | **userlogin-secure-or-mac** | **userlogin-secure-or-mac-ext** | **userlogin-withoui** }。

默认情况下，端口处于 noRestrictions 模式。

仅 Release 6320 及以上版本支持 **mac-and-userlogin-secure-ext** 模式。

（3）配置端口安全允许的最大安全 MAC 地址数

1）进入系统视图：**system-view**。

2）进入接口视图：**interface** *interface-type interface-number*。

3）配置端口安全允许的最大安全 MAC 地址数，端口安全允许某个端口下有多个用户通过认证，但是允许的用户数不能超过规定的最大值。配置端口允许的最大安全 MAC 地址数有两个作用：一是控制能够通过某端口接入网络的最大用户数，二是控制端口安全能够添加的安全 MAC 地址数。

port-security max-mac-count *max-count* [**vlan** [*vlan-id-list*]]

默认情况下，端口安全不限制本端口可保存的最大安全 MAC 地址数。

（4）配置安全 MAC 地址

1）进入系统视图：**system-view**。

2）配置安全 MAC 地址的老化时间：**port-security timer autolearn aging** [**second**] *time-value*。

默认情况下，安全 MAC 地址不会老化。

3）在系统视图或接口视图下配置安全 MAC 地址。

① 在系统视图下配置安全 MAC 地址：

port-security mac-address security [**sticky**] *mac-address* **interface** *interface-type interface-number* **vlan** *vlan-id*

② 依次执行以下命令在接口视图下配置安全 MAC 地址：

interface *interface-type interface-number*

port-security mac-address security [**sticky**] *mac-address* **vlan** *vlan-id*

默认情况下，未配置安全 MAC 地址。

与相同 VLAN 绑定的同一个 MAC 地址不允许同时指定为静态类型的安全 MAC 地址和 Sticky MAC 地址。

（5）对于 autolearn 模式，还需要提前设置端口允许的最大安全 MAC 地址数

port-security　port-mode { autolearn | mac-authentication | mac-else-userlogin-secure | mac-else-userlogin-se-cure-ext | secure | userlogin | userlogin-secure | userlogin-secure-ext | userlogin-secure-or-mac | userlogin-securc-or-mac-ext | userlogin-without }

（6）配置端口 NeedToKnow 特性

1）进入系统视图：**system-view**。

2）进入接口视图：**interface** *interface-type interface-number*。

3）配置端口 NeedToKnow 特性：

port-security ntk-mode { ntk-withbroadcasts | ntk-withmulticasts | ntkonly }

该功能用来限制认证端口上出方向的报文转发，即用户通过认证后，以此 MAC 为目的地址的报文都可以正常转发，可以设置以下三种方式：

① ntkonly：仅允许目的 MAC 地址为已通过认证的 MAC 地址的单播报文通过。

② ntk-withbroadcasts：允许目的 MAC 地址为已通过认证的 MAC 地址的单播报文或广播地址的报文通过。

③ ntk-withmulticasts：允许目的 MAC 地址为已通过认证的 MAC 地址的单播报文、广播地址或组播地址的报文通过。

除默认情况之外，配置了 NeedToKnow 的端口在以上任何一种方式下都不允许未知 MAC 地址的单播报文通过。

（7）配置入侵检测特性

1）进入系统视图：**system-view**。

2）进入接口视图：**interface** *interface-type interface-number*。

3）配置入侵检测特性：

port-security intrusion-mode { blockmac | disableport | disableport-temporarily }

当设备检测到一个非法的用户通过端口试图访问网络时，该特性用于配置设备可能对其采取的安全措施，包括以下三种方式：

① blockmac：表示将非法报文的源 MAC 地址加入阻塞 MAC 地址列表中，源 MAC 地址为阻塞 MAC 地址的报文将被丢弃。此 MAC 地址在被阻塞 3min（系统默认，不可配）后恢复正常。

② disableport：表示将收到非法报文的端口永久关闭。

③ disableport-temporarily：表示将收到非法报文的端口暂时关闭一段时间，关闭时长可通过 port-security timer disableport 命令配置。

11.5.4　端口安全的配置案例

如图 11-12 所示，在交换机的端口 G1/0/1 上对接入用户做如下的限制：

图 11-12　端口安全配置案例

1）允许 64 个用户自由接入，不进行认证，将学习到的用户 MAC 地址添加为安全 MAC 地址。

2）当安全 MAC 地址数量达到 64 后，停止 MAC 学习；当再有新的 MAC 地址接入时触发入侵检测，并将此 MAC 地址阻塞。

在系统模式下打开端口安全：

< sysname > system-view
[sysname]port-security enable

设置端口允许的最大安全 MAC 地址数为 64：

[sysname]interface GigabitEthernet 1/0/1
[sysname-GigabitEthernet1/0/1] port-security max-mac-count 64

设置端口安全模式为 autolearn：

[sysname-GigabitEthernet1/0/1] port security port-mode autolearn

配置触发入侵检测特性后的保护动作为 blockmac：

[sysname-GigabitEthernet1/0/1]port-security intrusion-mode blockmac

上述配置完成后，可以用 display 命令显示端口安全配置情况，具体如下：

```
< sysname > display port-security interface GigabitEthernet 1/0/1
Port security parameters:
    Port security                    :Enabled
    Autolearn aging time             :0 min
    Disableport timeout              :20s
    MAC move                         :Denied
    Authorization fail               :Online
NAS-ID profile is not configured
    OUI value list                   :
GigabitEthernet1/0/1 is link-up
    Port mode                        :autolearn
    NeedToKnow mode                  :Disabled
    Intrusion protection mode        :BlockMacAddress
Security MAC address attribute
    Learning mode                    :Sticky
    Aging type                       :Periodical
    Max secure MAC addresses         :64
    Current secure MAC addresses     :0
    Authorization                    :Permitted
    NAS-ID profile is not configured
```

可以看到端口的最大安全 MAC 数为 64，端口模式为 autolearn，入侵检测 Trap 开关打开，入侵保护动作为 BlockMacAddress。

配置完成后，允许地址学习，学习到的 MAC 地址数可以用上述命令显示，如学习到 5

个，那么存储的安全 MAC 地址数就为 5，可以在端口视图下用 display this 命令查看学习到的 MAC 地址，例如：

```
［sysname］display port-security interface GigabitEthernet 1/0/1
Port security parameters：
Port security                           :Enabled
    Autolearn aging time                :0min
    Diableport timeout                  :20s
    MAC move                            :Denied
    Authorization fail                  :Online
NAS-ID profile is not configured
    OUI value list                      :
GigabitEthernet 1/0/1is link-up
    Port mode                           :autolearn
    NeedToKnow mode                     :Disabled
    Intrusion protection mode           :BlockMacAddress
Security MAC address attribute
    Learning mode                       :Sticky
    Aging type                          :Periodical
    Max secure MAC addresses            :64
    Current secure MAC addresses        :5
    Authorization                       :Permitted
NAS-ID profile is not configured
［sysname］interface GigabitEthernet 1/0/1
［sysname-GigabitEthernet1/0/1］dis this
#
interface GigabitEthernet1/0/1
    port-security max-mac-count 64
    port-security port-mode autolearn
    port-security intrusion-mode blockmac
    port-security mac-address security 0000-0000-0001 vlan 1
    port-security mac-address security 0000-0000-0002 vlan 1
    port-security mac-address security 0000-0000-0003 vlan 1
    port-security mac-address security 0000-0000-0004 vlan 1
    port-security mac-address security 0000-0000-0005 vlan 1
```

当学习到的 MAC 地址数达到 64 后，用命令 display port-security interface 可以看到端口模式变为 secure，再有新的 MAC 地址到达将触发入侵保护，Trap 信息如下：

Jan 1 23:23:56:828 2015 sysname PORTSEC/5/PORTSEC_VIOLATION：-IfName = GigabitEthernetl/0/1-MACAddr-0000-0000-003E-VLANId = 1-IfStatus = Up；Intrusion detected.

可以通过下述命令看到端口安全将此 MAC 地址添加为阻塞 MAC 地址：

```
［sysname］display port-security mac-address block
```

MAC ADDR	Port	VLAN ID
000-0000-003e	GigabitEthernet1/0/1	1

－－－On slot 1,1 mac address(es) found－－－

－－－1 mac address(es) found－－

11.5.5　端口安全的显示和维护

在配置案例结果检查中使用 display port-security interface 命令显示指定端口上端口安全的相关状态，包括用户配置的状态和端口实际工作状态。

display port-security mac-address 命令除了可以显示阻塞 MAC 地址外，还可以显示交换机已经学习的安全 MAC 地址，并可以按照端口进行 VLAN 或整机显示。

【习　　题】

1. 填空题

EAP 中继方式需要 RADIUS 服务器支持 EAP 属性：_____和_____。

2. 选择题

1）IEEE 802.1x 协议体系结构包括（　　　）。

A. 客户端　　　　　　B. 认证设备　　　　　　C. 终端　　　　　　D. 认证服务器

2）MAC 地址认证不需要用户安装任何客户端软件，但触发认证时需要用户手动输入用户名和密码（　　　）。

A. 正确　　　　　　B. 错误

3）下面关于端口安全特性的描述错误的是（　　　）。

A. autolearn 模式下，当端口下的安全 MAC 地址数超过端口允许学习的最大安全 MAC 地址数后，端口模式会自动转变为 secure 模式

B. userlogin 模式对接入用户采用基于 MAC 地址的 IEEE 802.1x 认证，此模式下端口最多只允许一个 IEEE 802.1x 认证用户接入

C. userlogin-secure-or-mac 模式下，用户 MAC 地址认证成功后，仍然可以进行 IEEE 802.1x 认证

D. mac-else-userlogin-secure 模式下，对于 IEEE 802.1x 报文先进行 MAC 地址认证，如果 MAC 地址认证失败则进行 IEEE 802.1x 认证

3. 简答题

1）端口配置是基于 Port 的 Guest VLAN，在什么情况下端口才被加入 Guest VLAN？

2）EAP 中继和 EAP 终结两种认证方式有什么不同？

Chapter

第12章

网络访问控制

学习目标

1. 掌握 EAD 工作原理
2. 掌握 Portal 认证方式
3. 掌握 Portal 认证过程

网络信息安全的威胁在不断增加，因此对网络访问的控制成为网络管理的重要内容。网络访问控制通常包含通过安全策略阻止不符合安全要求的终端访问网络、对 Web 访问用户进行控制，以及通过访问控制列表过滤非法用户对网络的访问。

本章对用于网络访问控制技术中的终端准入控制（End user Admission Domination，EAD）和门户（Portal）技术进行介绍。

12.1 EAD 解决方案

12.1.1 EAD 概述

传统终端网络存在以下问题：

1）内部网络终端缺乏网络用户识别、准入机制。

① 任何外来人员或客户只要将计算机插入网线，就可以进入内部网络各个区域，其中没有任何身份的认证和安全措施，如果知道相关应用系统的账号及密码，就可以访问相关的应用数据，对整个网络和应用造成很大的安全威胁。

② 网络的终端全部都是基于工作组的模式，没有进行网络域的集中管理模式和相关的策略性的定义。

③ 对正常接入的 PC 没有进行健康性的检查和指导用户进行修复，并且不能对达不到安全要求的 PC 采取隔离措施。

2）终端安全管理的安全防护控制措施不足，也没有集中管控、审计和标准化等手段进行管理。

① 无法确保这些终端是否安装了防病毒软件、更新了系统补丁和病毒代码，现时的终端的防病毒软件部署率底，防病毒软件也不统一，时常发生感染病毒、间谍软件等问题，存在很大的安全隐患。

② 用户是否安装了必须使用的软件，是否安装了非工作使用的软件，硬件配置、软件

配置、年终盘点的报表和信息的收集，都无法进行确认。

③ 现时对网络内部出现的任何安全问题都无法及时发现、追踪和审计。

EAD 能够整合孤立的单点防御系统，加强对用户的集中管理，统一实施企业安全策略，提高网络终端的主动防御能力。如图 12-1 所示，EAD 方案通过安全客户端、安全策略服务器、接入设备以及第三方服务器的联动，可以将不符合安全要求的终端限制在"隔离区"内，防止"危险"终端对网络安全的损害，避免"易感"终端受到病毒的攻击。EAD 的主要功能包括：

1）检查终端用户的安全状态和防御能力。根据管理员配置的安全策略，用户可以进行的安全认证检查包括终端病毒库版本检查、终端补丁检查、终端安装的应用软件检查、是否有代理、拨号配置、U 盘审计、外设管理、桌面资产管理等。

2）隔离"危险"和"易感"终端。在用户终端通过病毒、补丁等安全信息检查后，EAD 可基于终端用户的角色，向安全联动设备下发事先配置的接入控制策略，按照用户角色权限规范用户的网络使用行为。终端用户的所属 VLAN、ACL 访问策略、是否禁止使用代理、是否禁止使用双网卡等安全措施均可由管理员统一配置实施。

3）强制修复系统补丁，升级防病毒软件。

4）管理与监控。对终端资产全方位的监控和管理的功能，可以对终端软硬件使用情况、变更情况进行监控，同时还支持终端资产的配置管理和软件的统一分发、远程桌面控制，实现对桌面资产的有效管理。EAD 还提供对 U 盘和其他外设的管理功能，可以对终端用户的各种外设进行控制，有效防止重要信息的泄密，同时提供 U 盘文件的监控功能，可以查看重要文件通过 U 盘复制时，有无存在不当使用行为。

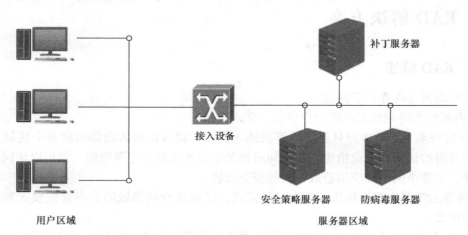

补丁服务器

接入设备

安全策略服务器　　防病毒服务器

用户区域　　　　　　　　　　　　　　　服务器区域

图 12-1　EAD 方案概述

EAD 提供了一个全新的安全防御体系，将防病毒功能与网络接入控制相融合，加强了对终端用户的集中管理，提高了网络终端的主动防御能力。EAD 具有以下技术特点：

1）整合防病毒与网络接入控制，大幅提高安全性。

2）支持多种认证方式，适用范围广。

3）全面"隔离"危险终端。

4）灵活、方便的部署与维护。

5）详细的安全事件日志与审计。

6）与专业防病毒厂商合作。

7）具有策略实施功能，方便企业实施组织级安全策略。

8）可扩展的安全解决方案，有效保护投资。

12.1.2　EAD 工作原理

EAD 的基本部件包括安全客户端、安全联动设备、安全策略服务器以及防病毒服务器、补丁服务器等第三方服务器。

1）安全客户端：是指安装了 H3C iNode 智能客户端的用户接入终端，负责身份认证的发起和安全策略的检查。

2）安全联动设备：是指用户网络中的交换机、路由器、VPN 网关等设备。EAD 提供了灵活多样的组网方案，安全联动设备可以根据需要灵活部署在各层，如网络接入层和汇聚层。

3）安全策略服务器：它要求和安全联动设备路由可达，负责给客户端下发安全策略、接收客户端安全策略检查结果并进行审核，向安全联动设备发送网络访问的授权指令。

4）第三方服务器：是指防病毒服务器、补丁服务器和安全代理服务器等，被部署在隔离区中。当用户通过身份认证但安全认证失败时，将被隔离到隔离区，此时用户能且仅能访问隔离区中的服务器，通过第三方服务器进行自身安全修复，直到满足安全策略要求。

EAD 的基本功能是通过以上组件的联动实现的，如图 12-2 所示，其基本过程如下：

1）用户终端试图接入网络时，首先通过安全客户端由安全联动设备和认证服务器配合进行用户身份认证，非法用户将被拒绝接入网络。

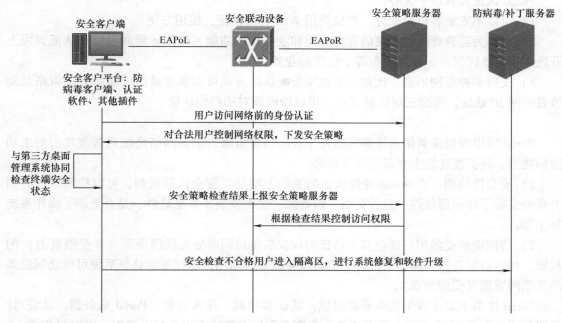

图 12-2　EAD 工作原理

2）安全策略服务器对合法用户下发安全策略，并要求合法用户进行安全状态认证。

3）由客户端的第三方桌面管理系统协同安全策略服务器对合法终端的补丁版本、病毒库版本等进行检测，之后安全客户端将安全策略的检查结果上报给安全策略服务器。

4）安全策略服务器根据检查结果控制用户的访问权限。安全状态合格的用户将实施由安全策略服务器下发的安全设置，并由安全联动设备提供基于身份的网络服务；安全状态不合格的用户将被安全联动设备隔离到隔离区，可以进行系统的修复如补丁、病毒库的升级，直到安全状态合格。

安全认证通过后在安全策略服务器的配合下可以对合法终端进行安全修复和管理工作，主要包括心跳机制、实时监控及监控发现异常后的处理。

12.2 Portal 认证

12.2.1 Portal 概述

Portal 认证通常也被称为 Web 认证，Portal 认证网站通常也称为门户网站。

在使用 Portal 认证的网络中，未认证用户上网时，设备强制用户登录到特定网站，用户可以免费访问其中的服务。当用户需要使用互联网中的其他信息时，必须在门户网站进行认证，只有认证通过后才可以使用互联网资源。目前，设备支持的 Portal 版本为 Portal 1.0、Portal 2.0 和 Portal 3.0。

Portal 业务可以为运营商提供方便的管理功能，门户网站可以开展广告、社区服务、个性化的业务等，使宽带运营商、设备提供商和内容服务提供商形成一个产业生态系统。

Portal 认证具有以下优势：

1）可以不安装客户端软件，直接使用 Web 页面认证，使用方便。

2）可以为运营商提供方便的管理功能和业务拓展功能，比如运营商可以在认证页面上开展广告、社区服务、信息发布等个性化的业务。

3）支持多种组网形态，比如二次地址分配认证方式可以实现灵活的地址分配策略且能节省公网 IP 地址，可跨三层认证方式、可以跨网段对用户作认证。

Portal 可以通过强制接入终端实施补丁和防病毒策略，加强网络终端对病毒攻击的主动防御能力，其扩展功能主要包括以下内容：

1）安全性检测：在 Portal 身份认证的基础上增加了安全认证机制，可以检测接入终端上是否安装了防病毒软件、是否更新了病毒库、是否安装了非法软件、是否更新了操作系统补丁等。

2）访问资源受限用户通过身份认证后仅仅获得访问部分互联网资源（非受限资源）的权限，如病毒服务器、操作系统补丁更新服务器等。当用户通过安全认证后便可以访问更多的互联网资源（受限资源）。

Portal 体系主要由四个基本要素组成：认证客户端、接入设备、Portal 服务器、认证/计费服务器，如图 12-3 所示。除此之外，根据桌面安全要求可以选择安装安全策略服务器。

1）认证客户端：用户终端的客户端系统，为运行 HTTP/HTTPS 的浏览器或运行 Portal

客户端的主机。对用户终端的安全性检测是通过 Portal 客户端和安全策略服务器之间的信息交流完成的。目前，Portal 客户端仅支持 H3C iNode 客户端。

2）接入设备：提供接入服务的设备，主要有以下三方面的作用：

① 在认证之前，将用户的所有 HTTP/HTTPS 请求都重定向到 Portal Web 服务器。

② 在认证过程中，与 Portal 认证服务器、AAA 服务器交互，完成身份认证、授权、计费的功能。

③ 在认证通过后，允许用户访问被授权的互联网资源。

3）Portal 服务器：包括 Portal Web 服务器和 Portal 认证服务器。Portal Web 服务器负责向客户端提供 Web 认证页面，并将客户端的认证信息（用户名、密码等）提交给 Portal 认证服务器。Portal 认证服务器用于接收 Portal 客户端认证请求的服务器端系统，与接入设备交互认证客户端的认证信息。Portal Web 服务器通常与 Portal 认证服务器是一体的，也可以是独立的服务器端系统。

4）AAA 服务器：与接入设备进行交互，完成对用户的认证、授权和计费。目前 RADI-US 服务器可支持对 Portal 用户进行认证、授权和计费，以及轻量级目录访问协议（Light-weight Directory Access Protocol，LDAP）服务器可支持对 Portal 用户进行认证。

5）安全策略服务器：与 Portal 客户端、接入设备进行交互，完成对用户的安全检测，并对用户进行安全授权操作。仅运行 Portal 客户端的主机支持与安全策略服务器交互。

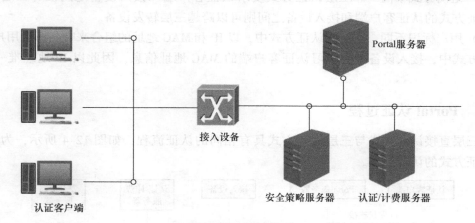

图 12-3　Portal 体系

以上几个基本要素的交互过程如下：

1）未认证用户访问网络时，在 IE 地址栏中输入一个互联网地址，那么此 HTTP 请求在经过接入设备时会被重定向到 Portal 服务器的 Web 认证主页上。若需要使用 Portal 的扩展认证功能，则用户必须使用 Portal 客户端。

2）用户在认证主页/认证对话框中输入认证信息后提交，Portal 服务器会将用户的认证信息传递给接入设备。

3）然后接入设备再与认证/计费服务器通信进行认证和计费。

4）认证通过后，如果未对用户采用安全策略，则接入设备会打开用户与互联网的通路，允许用户访问互联网资源；如果对用户采用了安全策略，则客户端、接入设备与安全策略服务器交互，对用户的安全检测通过之后，安全策略服务器根据用户的安全性授权用户访问受限资源。

12.2.2 Portal 认证方式

根据客户端与接入设备之间是否有三层设备，Portal 认证方式分为非三层认证方式和三层认证方式。

（1）非三层认证方式　根据地址分配方式的不同，非三层认证方式又包括直接认证方式和二次地址分配认证方式。

1）直接认证方式：用户在认证前通过手动配置或 DHCP 直接获取一个 IP 地址，只能访问 Portal 服务器以及设定的免费访问地址；认证通过后即可访问网络资源。

2）二次地址分配认证方式：用户在认证前通过 DHCP 获取一个私网 IP 地址，只能访问 Portal 服务器以及设定的免费访问地址；认证通过后，用户会申请到一个公网 IP 地址，即可访问网络资源。该认证方式解决了 IP 地址规划和分配问题，对未通过认证的用户不分配公网 IP 地址。

（2）三层认证方式　在三层认证方式下，客户端获取 IP 地址方式与直接认证方式类似，直接获取 IP 地址后再到 Portal 服务器进行认证。

非三层认证方式与三层认证方式的区别如下：

（1）组网方式不同　非三层认证方式要求认证客户端和接入设备之间没有三层设备；三层认证方式的认证客户端和接入设备之间则可以跨越三层转发设备。

（2）用户标识不同　非三层认证方式中，以 IP 和 MAC 地址的组合来唯一标识用户；三层认证方式中，接入设备不会学习认证客户端的 MAC 地址信息，因此以 IP 地址唯一标识用户。

12.2.3 Portal 认证过程

非三层直接认证方式与三层认证方式具有相同的认证流程，如图 12-4 所示，为 Portal 直接认证方式的认证过程。

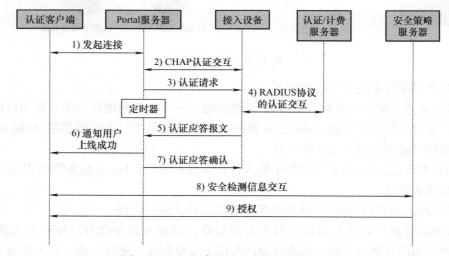

图 12-4　Portal 直接认证方式的认证过程

步骤 1 Portal 用户通过 HTTP 发起认证请求。HTTP 报文经过接入设备时，对于访问 Portal 服务器或设定的免费访问地址的 HTTP 报文，设备允许其通过；对于访问其他地址的报文，接入设备将其重定向到 Portal 服务器。Portal 服务器提供 Web 页面供用户输入用户名和密码来进行认证。

步骤 2 Portal 服务器与接入设备之间进行挑战握手、认证协议、（CHAP）认证交互，若采用密码认证协议（PAP）认证则直接进入下一步骤。

步骤 3 Portal 服务器将用户输入的用户名和密码组装成认证请求报文发往接入设备，同时开启定时器等待认证应答报文。

步骤 4 接入设备与 RADIUS 服务器之间进行 RADIUS 协议报文的交互。

步骤 5 接入设备向 Portal 服务器发送认证应答报文。

步骤 6 Portal 服务器向认证客户端发送认证通过报文，通知认证客户端认证（上线）成功。

步骤 7 Portal 服务器向接入设备发送认证应答确认。

步骤 8 认证客户端和安全策略服务器之间进行安全检测信息交互。安全策略服务器检测接入终端的安全性是否合格，包括是否安装了防病毒软件、是否更新了病毒库、是否安装了非法软件、是否更新了操作系统补丁等。

步骤 9 安全策略服务器根据用户的安全性授权用户访问非授权资源，授权信息保存到接入设备中，接入设备将使用该信息控制用户的访问。

以上步骤中，步骤 8、9 为 Portal 认证扩展功能的交互过程。

三层认证方式下的 Portal 二次地址分配方式的认证过程如图 12-5 所示。其过程如下：

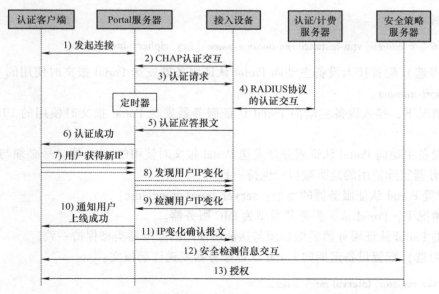

图 12-5　Portal 二次地址分配方式的认证过程

步骤 1～6 与直接认证方式中的步骤 1～6 相同，因此略去。

步骤 7 认证客户端收到认证通过报文后，通过 DHCP 请求获取新的公网 IP 地址，并通知 Portal 服务器用户已经获得新 IP 地址。

步骤 8 Portal 服务器通知接入设备客户端获得新公网 IP 地址。

步骤 9 接入设备通过检测 ARP 报文发现了用户 IP 变化，并通告 Portal 服务器已检测到用户 IP 变化。

步骤 10 Portal 服务器通知认证客户端上线成功。

步骤 11 Portal 服务器向接入设备发送 IP 变化确认报文。

步骤 12 认证客户端和安全策略服务器之间进行安全检测信息交互。安全策略服务器检测接入终端的安全性是否合格，包括是否安装了防病毒软件、是否更新了病毒库、是否安装了非法软件、是否更新了操作系统补丁等。

步骤 13 安全策略服务器根据用户的安全性授权用户访问非授权资源，授权信息保存到接入设备中，接入设备将使用该信息控制用户的访问。

12.2.4 Portal 认证配置命令

Portal 认证配置命令如下：

（1）配置远程 Portal 认证服务器

1）进入系统视图：**system-view**。

2）创建 Portal 认证服务器，并进入 Portal 认证服务器视图：**portal server** *server-name*。设备支持配置多个 Portal 认证服务器。

3）指定 Portal 认证服务器的 IP 地址。

IPv4 网络：

> **ip** *ipv4-address*[**vpn-instance** *vpn-instance-name*][**key**{**cipher**|**simple**}*string*]

IPv6 网络：

> **ipv6** *ipv6-address*[**vpn-instance** *vpn-instance-name*][**key**{**cipher**|**simple**}*string*]

4）（可选）配置接入设备主动向 Portal 认证服务器发送 Portal 报文时使用的 UDP 端口号：**port** *port-number*。

默认情况下，接入设备主动向 Portal 认证服务器发送 Portal 报文时使用的 UDP 端口号为 50100。

接入设备主动向 Portal 认证服务器发送 Portal 报文时使用的 UDP 端口号必须与远程 Portal 认证服务器实际使用的监听端口号保持一致。

5）配置 Portal 认证服务器的类型：**server-type**{**cmcc**|**imc**}。

默认情况下，Portal 认证服务器类型为 iMC 服务器。

配置的 Portal 认证服务器类型必须与认证所使用的服务器类型保持一致。

6）（可选）配置设备定期向 Portal 认证服务器发送注册报文：

> **server-register**[**interval** *interval-value*]

默认情况下，设备不会向 Portal 认证服务器发送注册报文。

（2）配置 Portal Web 服务器

1）进入系统视图：**system-view**。

2）创建 Portal Web 服务器，并进入 Portal Web 服务器视图：

　　　　portal web-server *server-name*

可以配置多个 Portal Web 服务器。

3）指定 Portal Web 服务器所属的 VPN：

　　　　vpn-instance *vpn-instance-name*

默认情况下，Portal Web 服务器位于公网中。

4）指定 Portal Web 服务器的 URL：**url** *url-string*。

默认情况下，未指定 Portal Web 服务器的 URL。

5）配置设备重定向给用户的 Portal Web 服务器的 URL 中携带的参数信息：

　　　　url-parameter *param-name*｛**original-url**｜**source-address**｜**source-mac**［**encryption**｛**aes**｜**des**｝**key**
　　　　｛**cipher**｜**simple**｝*string*］｜**value** *expression*｝

默认情况下，未配置设备重定向给用户的 Portal Web 服务器的 URL 中携带的参数信息。

6）配置 Portal Web 服务器的类型：**server-type**｛**cmcc**｜**imc**｝。

默认情况下，设备默认支持的 Portal Web 服务器类型为 iMC 服务器。该配置只适用于远程 Portal 认证。

配置的 Portal Web 服务器类型必须与认证所使用的服务器类型保持一致。

（3）在接口上开启 Portal 认证

1）进入系统视图：**system-view**。

2）进入三层接口视图：**interface** *interface-type interface-number*。

3）开启 Portal 认证，并指定认证方式。

IPv4 网络：

　　　　portal enable method｛**direct**｜**layer3**｜**redhcp**｝

IPv6 网络：

　　　　portal ipv6 enable method｛**direct**｜**layer3**｝

默认情况下，接口上的 Portal 认证功能处于关闭状态。

12.2.5　Portal 显示和维护

　　在任意视图下执行 display 命令可以显示配置后 Portal 的运行情况，通过查看显示信息验证配置的效果。在用户视图下执行 reset 命令可以清除 Portal 统计信息。

1）显示指定接口上的 Portal 配置信息和 Portal 运行状态信息：

　　　　display portal interface *interface-type interface-number*

2）显示 Portal 认证服务器的报文统计信息：

　　　　display portal packet statistics［**server** *server-name*］

3）显示用于报文匹配的 Portal 过滤规则信息：

　　　　display portal rule｛**all**｜**dynamic**｜**static**｝**interface** *interface-type interface-number*［**slots** *lot-number*］

4）显示 Portal 认证服务器信息：

display portal server[*server-name*]

5）显示 Portal 用户的信息：

display portal user{**all**|**interface** *interface-type interface-number*|**ip** *ipv4-address*|**ipv6** *ipv6-address*|
pre-auth[**interface** *interface-type interface-number*|**ip** *ipv4-address*|**ipv6** *ipv6-address*]}[**verbose**]

6）清除 Portal 认证服务器的报文统计信息：

reset portal packet statistics[**server** *server-name*]

【习　题】

选择题

1）EAD 快速部署可以实现（　　）。

A. 用户在进行 IEEE 802.1x 认证前可以访问特定网段地址

B. 用户在进行 IEEE 802.1x 认证失败时可以访问特定网段地址

C. 在用户进行 IEEE 802.1x 认证前，对用户的 HTTP 访问进行 URL 重定向

D. 在用户进行 IEEE 802.1x 认证成功时，对用户的 HTTP 访问进行 URL 重定向

2）（　　）属于 Portal 的认证方式。

A. 直接认证

B. EAP 认证

C. 二次地址分配认证

D. 三层认证方式

3）Portal 认证方式中，非三层认证以（　　）作为用户标识，三层认证以（　　）作为用户标识。

A. 用户 IP 地址

B. 用户 MAC 地址

C. 用户 IP 地址和 MAC 地址信息

D. 用户 IP 地址或 MAC 地址信息

4）用户在完成 IEEE 802.1x 认证后要进行 EAD 安全检查，安全检查失败后系统只允许其访问隔离区。已知隔离区的网络地址为 192.168.42.0/24，如下（　　）ACL 配置可以完成此隔离功能。

A. acl number 3000

　　rule 1 permit ip destination 192.168.42.0 0.0.0.255

B. acl number 3001

　　rule 1 permit ip destination 192.168.42.0 0.0.0.255

C. acl number 3002

　　rule 1 permit ip destination 192.168.42.0 0.0.0.255

　　rule 2 deny ip

D. acl number 3003

　　rule 1 permit ip destination 192.168.42.0 0.0.0.255

rule 2 deny ip

5）IEEE 802.1x 中的 Free-IP 地址段和 EAD 的隔离区都是特定情况下用户被允许访问区域，它们的区别是（　　）。

A. Free-IP 是用户进行认证前可访问的地址

B. Free-IP 是用户进行认证失败后可访问的地址

C. 隔离区是用户进行认证前可访问的地址

D. 隔离区是用户进行认证失败后可访问的地址

E. 隔离区是用户进行认证成功、安全检查不通过时可访问的地址

参 考 文 献

[1] 李建新. 渗透测试常用工具应用 [M]. 北京：机械工业出版社，2020.

[2] 张博. 第五代移动通信网络技术 [M]. 北京：北京邮电大学出版社，2019.

[3] 张博. 网络交换技术 [M]. 北京：北京邮电大学出版社，2019.

[4] 高松. 网络运维软件项目化教程 [M]. 北京：机械工业出版社，2019.

[5] 新华三大学. 路由交换技术详解与实践第 2 卷 [M]. 北京：清华大学出版社，2018.

[6] 杨文虎. 网络安全技术与实训 [M]. 北京：人民邮电出版社，2018.

[7] 付忠勇. 计算机网络安全教程 [M]. 北京：清华大学出版社，2017.

[8] 乔明秋，赵振洲. 信息加密与解密案例教程 [M]. 北京：机械工业出版社，2015.

[9] 张博. 无线网络优化分析 [M]. 北京：人民邮电出版社，2013.

[10] 刘嘉勇. 应用密码学 [M]. 北京：清华大学出版社，2008.

[11] 新华三网站 https://www.h3c.com/cn.